U0341969

昌黎黄金海岸国家级自然保护区海洋生态研究

马明辉 段新玉 洛昊 等 著

海洋出版社

2015年·北京

图书在版编目（CIP）数据

昌黎黄金海岸国家级自然保护区海洋生态研究/马明辉等著. —北京：海洋出版社，2015.12

ISBN 978 – 7 – 5027 – 9300 – 5

Ⅰ.①昌… Ⅱ.①马… Ⅲ.①自然保护区 – 海洋环境 – 生态环境 – 研究 – 昌黎县 Ⅳ.①X321.222.4

中国版本图书馆 CIP 数据核字（2015）第 286203 号

责任编辑：张　荣
责任印制：赵麟苏

海洋出版社　出版发行

http://www.oceanpress.com.cn

北京市海淀区大慧寺路 8 号　邮编：100081
北京朝阳印刷厂有限责任公司印刷　新华书店北京发行所经销
2015 年 12 月第 1 版　2015 年 12 月第 1 次印刷
开本：787mm×1092mm　1/16　印张：8
字数：200 千字　定价：60.00 元
发行部：62132549　邮购部：68038093　总编室：62114335

海洋版图书印、装错误可随时退换

《昌黎黄金海岸国家级自然保护区
海洋生态研究》编委会

前　言

　　昌黎黄金海岸国家级自然保护区（以下简称保护区）位于河北省东北部秦皇岛市昌黎县，是国务院于1990年首批批准建立的5个国家级海洋类型自然保护区之一。保护区总面积为 300 km²，其中陆域面积 91.5 km²，海域面积 208.5 km²。海域范围北起 39°37′N，南至 39°32′N，西起近岸低潮线，东至 119°37′E，包括 1个核心区和两个缓冲区。其中，海域核心区面积为 70.5 km²，西部缓冲区面积为 89.5 km²，东部缓冲区面积为 48.5 km²。保护对象为海岸带沙丘、沙堤、潟湖、林带、海水等自然景观，以及海区生态环境和文昌鱼、鸟类等自然资源[1]。

　　1999 年以来，保护区连续开展了 15 年的海洋生态监测工作。本书依据 1999—2013 年间保护区的连续海洋生态监测资料，研究、评价了保护区海洋生态质量状况及其长期变化趋势，分析了区内主要生态环境问题及产生的原因，并提出相应的管理建议，旨在为保护区管理提供决策依据。同时保护区也是研究渤海近岸海洋生态系统历史变迁的一个缩影，本书的研究结论对判断渤海生态变化趋势及重大环境问题具有重要的参考作用。

　　全书共 8 章，第一章为自然概况与开发利用现状，介绍了保护区的自然背景及开发利用状况；第二章为研究方法，介绍了保护区海洋环境调查中样品采集和评价的方法；第三章至第六章分别为水环境、沉积环境、生物质量和生物群落，主要介绍水质、沉积物质量、生物质量及生物群落的现状与长期变化趋势的研究结果；第七章为生态健康状况，主要介绍区内生态健康状况的评价方法及评价结论；第八章为保护区管理，分析并提出了昌黎保护区的生态保护与管理建议。

由于时间仓促，编者的水平有限，书中难免存在诸多不足与缺憾，恳请学术界同行及广大读者批评指正。

作者

2015 年

目　次

昌黎黄金海岸国家级自然保护区海洋生态研究

第一章　自然概况与开发利用现状

第一节　气　候

按《中国综合自然区划》[2] 的气候分类，保护区属中国东部季风区、暖温带、半湿润、大陆性气候。气候特征是四季分明，季风显著，日照充足，气温较高，降水充沛，无霜期长。

保护区年平均气温 11℃，积温 4 370℃，1 月气温最低（−5.3℃），7 月气温最高（25.1℃），年温差为 30.4℃。5—8 月和 12 月至翌年 2 月的气温月变化波动较小，3—5 月和 9—11 月波动较大。空气相对湿度年均值为 60%，7 月最大（80%）、1 月最小（48%）。12 月至翌年 4 月的各月最小相对湿度均出现过零值，一天中，中午相对湿度最小，夜间最大。年平均日照时数为 2 767 h，年总辐射量为 5.3 × 10⁹ J/m²。保护区年均降水量为 630 mm，波动范围为 349 ~ 1 255 mm，降水集中在 6—8 月，占年降水量的 73.5%。盛汛期短，平均盛汛期始日为 7 月 20 日，终日为 8 月 19 日，共 31 d。年均蒸发量为 1 781 mm，波动范围 1 416 ~ 2 202 mm，春末夏初最大，冬季最小。风向具有温带季风特点，一年中 6—8 月东北风盛行，其余月份多盛行西南风，风速年均值为 3 m/s，全年中 4 月的平均风速最大（3.9 m/s），8 月的平均风速最小（2 m/s）。海岸地区近地面清晨有向陆风，傍晚有向海风，风速的日变化为"两头低、中间高"，一般清晨最小，日出后逐渐转强，午后最大，傍晚到夜间又减小。

第二节　入海河流

保护区附近共有大小 9 条河流入海，南部有滦河入海，中部有稻子沟、刘台沟、刘坨沟、泥井沟和潮河 5 条河流汇聚七里海潟湖，经新开口入海，北部饮马河、东沙河汇入大蒲河后入海（图 1−1）。除滦河外，其他河流均属季节性河流。

图 1-1　主要入海河流分布

滦河是该区域内最大的入海河流，滦河输入的淡水和悬沙对稳定滦河口产卵场生态环境及维持沙滩、沙丘地貌具有重要作用。

潘家口、大黑汀、桃林口水库的建成运行以及引滦入津、引滦入唐工程的启用，滦河上游已建成 4 座大型水库、9 座中型水库和多处小型水库和塘坝，对滦河调洪、蓄水和灌溉起到了一定作用，但是这种跨区域调水、截流的行为使滦河流域下泄到河口地区的水量急剧减少，河口区海水盐度升高，产卵场生境严重萎缩。

20 世纪 80 年代，滦河年入海水量急剧减少，为 73.1×10^8 m³，仅为 50 年代的 15%。受 1994—1996 年连续丰水年影响，90 年代年入海水量回升至 178×10^8 m³[3]，为 50 年代的 36%[4]。21 世纪初，滦河继续下降，年平均径流量为 49.98×10^8 m³[5]，降至 50 年代的 10%（图 1-2）。英爱文、黄国标等还预测，未来 20~50 年滦河流域的气温将升高 1.2℃，降水量将增加 1%，但由于蒸发量大于降水量，将会导致滦河流域的年径流量继续减少 2.5×10^8 m³[6]。

受滦河径流量持续下降的影响，冲淡水减弱，河口附近的盐度明显升高，低盐水舌范围急剧缩减。1959 年 8 月，滦河口大部分海域的盐度低于 29[7]，2013 年同期，盐度低于 29 的海域范围严重缩减（图 1-3）。

伴随滦河的入海淡水量的减少，悬沙入海量亦急剧下降。20 世纪 50 年代，滦河的累计入海沙量为 235×10^6 t，80 年代累计入海沙量已降至 8.8×10^6 t，21 世纪初累计入海沙量已降至 0.5×10^6 t，仅为 50 年代的 0.2%[8]（图 1-2）。输沙量的减少直接导致近岸海域沉积环境泥质化以及沙滩和沙丘

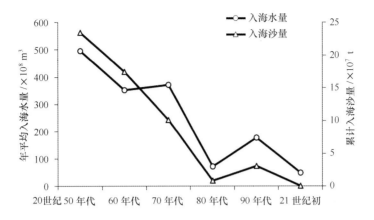

图 1-2　滦河入海水、沙量的历史变化趋势

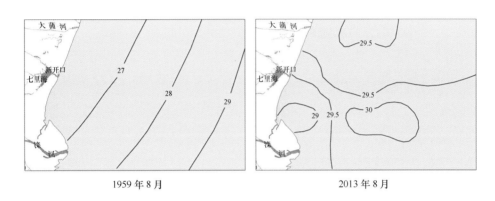

图 1-3　滦河口表层海水盐度分布

的退化。

　　滦河每年向海排放的污染物总量约为 37 789 t/a，污染物以化学需氧量为主，年均排放量为 36 797 t/a，占总排放量的 97%。营养盐和油类的年排放量较高，分别为 749 t/a 和 218 t/a，占总排放量的 2% 和 0.6%。输入的污染物中还有重金属等，合计约占 0.1%[9]。

第三节　地质地貌

　　保护区所在地为平原地貌，地势平缓，地质类型由岸向海依次为冲积洪积平原—潟湖与海积平原—海岸沙丘带—海滩—水下岸坡。沙丘带呈东北—西南向，由东向西依次为流动沙丘—半固定沙丘—固定沙丘—沙丘地，沙丘间有洼地（沼泽）分布，潮间带地貌以海滩为主。次一级地貌为沿岸沙堤和潟湖，是本地段重要的地貌类型，它们与离岸沙坝构成潟湖沙坝体系（图1-4）[10]。

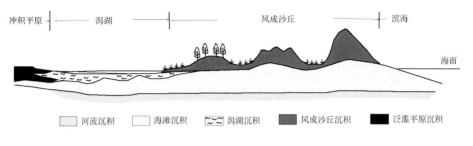

图1-4 保护区地貌剖面

一、沙丘

保护区的海岸沙丘蜿蜒起伏、延绵横亘、气势磅礴，是重要的旅游资源和宝贵的科研资源。沙丘自东北向西南呈链状分布，北起大蒲河口南岸，南至滦河口北岸，形成一条长约30 km、宽1~2 km的沙丘带，分布有40余列沙丘，最高处可达44 m。主沙丘靠近海岸，宽100~200 m，向北高度逐渐减少至20~30 m，向南迅速减至20 m以下，向海面一侧的坡度一般为20°~25°，向陆地一侧的坡度一般为30°~32°。主沙丘目前大多处于活动状态，每年向陆地方向移动1~2 m。次级沙丘在人工防护林作用下已经固定，中间过渡带的沙丘则处于半固定状态。沙丘的组成以细中沙和中细沙为主（图1-4）。

滦河所携带的沙粒是海岸沙丘形成的物质来源。泥沙在滦河口附近经海流的作用分化为泥质和沙质两部分，泥质物质被推到河口南端，造就出唐山、天津一带的泥质海岸，沙质物质被推到河口北端形成昌黎、北戴河一带的沙质海岸。波浪进入海岸后会经过多次破碎过程，加之不同潮位引起海岸的水深变化，可形成不同地貌部位波浪的破碎，波浪作用于沙质海岸，逐渐形成沿岸堤。海水的渗入使沿岸堤的基部得到进一步加固。冬季和春季强大的向陆风把暴露在海岸上的沙粒吹起后形成风沙流，沙量随着风速的增加而急剧增加。沿岸堤的存在能使风沙流容量减小，导致沙粒流动遇阻脱落或停滞堆积形成海岸沙丘。

近20年的监测结果显示，海岸沙丘高度上和形态上均发生了很大变化。从1991—2012年间主沙丘高度的监测结果来看，1991—2000年沙丘的平均高度为30.5 m，2001—2010年的平均高度为27.3 m，两个时期相比，主沙丘高度下降了3.2 m，降幅为10%。2012年最近一次监测结果仅为25.76 m，高度进一步下降（图1-5）。

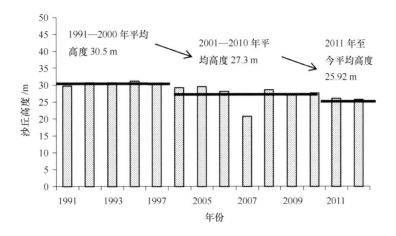

图1-5 保护区沙丘高度监测结果

海岸沙丘的总体变化特征为高度下降、坡度变缓、形态不规则（图1-6）。

图1-6 保护区沙丘变化趋势

二、潟湖

保护区内的潟湖名为"七里海"，最早的记录始于明代，是国内仅存的具有沿海湿地特点的现代潟湖之一。潟湖在保护生物多样性、改善水质条件、补充地下水和蓄洪等方面发挥着重要的作用，具有重要的生态功能和保护价值。

七里海属海退型砂坝－潟湖体系，面积约 11.3 km²，为半封闭型潟湖，有潮汐通道与海相通。潟湖无常年性河流注入，5 条季节性河流分别为赵家港沟、泥井沟、刘台沟、稻子沟、刘坨沟。地貌类型包括湖滩、湖盆、湖堤、防潮闸、码头、潮汐通道、海滩等，其中多为人工地貌。湖堤分布在七里海周边，潮汐通道位于潟湖的东北端，芦苇分布于湖滩近岸区域，林带和渔港建筑群也分布于潟湖周围，沉积物为黄褐色细砂，表层为含较多有机质的黑色砂粒（图 1－7）。

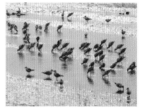

图 1－7　"七里海"潟湖地貌

近年来，随着潟湖湿地周边的开发，湖盆面积明显萎缩。1979 年潟湖湖盆面积约为 1 228 hm²，水域周围分布有沼泽、潟湖，周围湿地开发利用程度低。1994 年湖盆面积缩减为 613 hm²，降幅超过了 50%，周边的自然沼泽湿地被开垦为稻田和养殖池塘，潮汐通道被人工取直、由宽变窄，口门内外逐渐发育形成拦门沙，潟湖水深不断淤浅，人工湿地逐渐代替了潟湖水域和周边天然湿地。2000 年以后降速有所减缓，湖盆面积基本稳定，2014 年的湖盆面积为 268 hm²，仅为 1976 年的 1/4（图 1－8 和图 1－9）。

三、海滩

区内海滩连绵数十千米长，滩宽、坡缓、沙软、水清，是我国沿海地区最好的海水浴场之一。海滩宽 50～120 m，大蒲河口和新开口附近宽约500 m，坡度小于 5°，高潮带可达 5°～8°，砂质组成以中值粒径为 2.0φ 左右细砂为主。

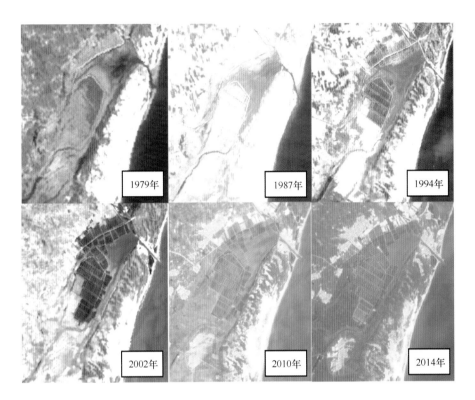

图 1 - 8　潟湖的时空变化趋势

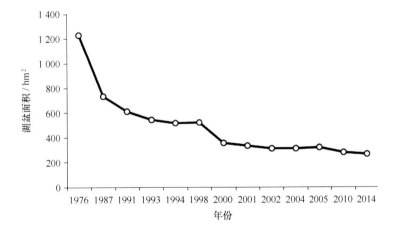

图 1 - 9　潟湖湖盆面积时空变化趋势

　　海滩向海侧有离岸沙堤，随涨落潮隐现，成为海滩的天然保护带。离岸沙堤为长条状，高 1～3 m，宽 20～60 m，向陆坡较缓，约 29°，向海坡受大潮冲刷形成陡坎，组成物质以中径为 1.91φ 的中细砂为主，以及部分贝壳和碎片。

海滩主要物质来源是滦河携带入海的悬沙。以中细砂为主的悬沙，经过波浪、潮流等海洋水动力长期搬运、分选、改造的作用，建造出海滩和沙堤。滦河的出海口为东北向，河口处是河流与海水共同作用的区域，由于该区域受不同方向海水的作用，极易形成激流，使得入海泥沙在此大量淤积、回旋[11]。受较强的渤海湾落潮流顶推及东北强风的共同作用，滦河的入海砂质物质被带至北部靠近新开口附近海区。新开口外海域是辽东湾和渤海湾潮流的分流与汇合区，其近岸区的涨潮流速大于落潮流速[12]，因而涨潮流带向海岸的悬沙不能被全部冲走，有一部分会沉积下来，同时区内还拥有具有消能作用海岸沙堤和水下沙脊，强波浪传递到岸滩，能量已相当微弱，在新开口外海域极易形成宽缓的水下岸坡和 10 m 等深线内的细砂活动带。来自辽东湾的涨潮流和全年常风向为偏西的风又将河口为西南向的大蒲河的入海悬沙带至南部海区，在渤海湾的落潮流与辽东湾的涨潮流共同作用下，使得入海悬沙在新开口与大蒲河口之间的海域达到动力平衡，此时较粗的泥沙沉入海底，该区域沉沙量迅速增加。

滦河口外，断续分布的离岸沙堤很不稳定，它随陆源沉积物补给情况而消长。河流入海泥沙多时，离岸沙堤向海移动；当泥沙补给少时，海洋因素起控制作用，沙堤则向陆迁移，甚至覆盖在内侧的潟湖沉积层之上。新开口至滦河口之间沿岸区域有风成沙丘，且向海一侧为海滩沉积[13-14]，受到渤海湾落潮流的作用，滦河口入海的悬沙被搬运至北部浅海，而细砂和中砂经波浪作用在近岸海滩沉积、暴露。

在向岸风的作用下，沙粒脱离海滩表面而进入气流中被搬运，产生风沙运动并形成近岸沙丘；而在离岸风的作用下，一些较细的风沙又被重新带回浅海海域，所以大量的海沙在海、陆两界不断循环累积，使保护区的地质环境更加稳定。

第四节　海水水文动力

区域内表层海水的水温 8 月最高（24.9℃），2 月最低（0.4℃），5 月和 11 月分别为 17.7℃和 8.4℃。沿海潮汐变化复杂，新开口以北海域为不规则的全日潮区，新开口以南属不正规的涨四落八的半日潮型。新开口至大蒲河口沿岸潮流呈往复流，涨潮流向西南，落潮流向东北。近海区由于地势开阔，潮流强度较弱，最大潮流流速为 0.9 m/s，一般为 0.5~0.7 m/s，近海涨潮为西南向，落潮大致为东北向，落潮流速稍大于涨潮流速。因海域开阔，海底较平坦，坡度较小，除冬季近岸结冰无浪外，其余季节均以风浪为主，涌浪极少，各季节主浪向均在南方位，东向和西南偏南向次之。

第五节　开发利用状况

一、土地利用

区内土地利用类型包括耕地、林地、草地、水域、居民用地和未利用地6种类型。土地利用以林地和居民用地为主，分别占保护区陆域面积的36%和27%。土地利用布局特征是海岸带土地利用类型多样化，分布着大量的水体、沼泽、滩涂、沙丘、草地、林带和人工设施等；内陆土地利用类型单一，主要以耕地为主（图1-10）[15]。

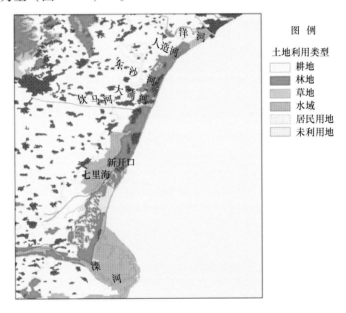

图1-10　保护区土地利用概况

二、滨海旅游

昌黎海岸线长64.9 km，占河北省海岸线总长度的13.3%，可供利用的优质沙质海岸达27 km，可开辟近百个海水浴场，能同时容纳约30万人下海嬉戏，相当于北戴河海滨浴场的3.6倍。目前区内已建多个旅游项目，包括

国际滑沙中心、沙雕大世界、翡翠岛公园、碧水湾浴场、渔岛等，累计占地
面积 296 hm²，用海面积 25 hm²（图 1 – 11）。

图 1 – 11　保护区开发利用景观

旅游区年接待游客数量呈上升趋势，2004 年的年接待量为 79 万人次，
2008 年为 84 万人次，2009 年快速上升至 130 万人次，2011 年和 2012 年在
2009 年的基础上翻了一番，达到 300 多万人次（图 1 – 12）。随着新建旅游设
施的全面运营，预计未来的年接待人数将很快达到 500 万人次[16]。

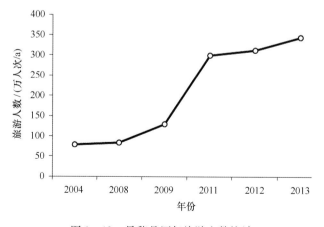

图 1 – 12　昌黎县历年旅游人数统计

三、港口航运

新开口渔港是秦皇岛市最大的渔港，港区面积 $85 \times 10^4 m^2$，其中水域面积 $25 \times 10^4 m^2$，陆域面积 $60 \times 10^4 m^2$。港区内有渔船码头 1 044 m，主航道长700 m，宽 100 m，平均水深 3.2 m，潮差 1.2 m。由岸向海延伸出两道防浪堤，北堤长约 500 m，南堤长约 600 m。渔港内有渔船修造、水产品加工、水产育苗、工厂化养殖等企业以及宾馆旅店、加油站、商店、医疗卫生等公用服务业。

渔港内停泊的渔船约 1 500 艘，周边省市的过往渔船也常在此停靠补给。渔港年卸渔量 17.4×10^4 t，渔业总产量 $7 \times 10^4 \sim 8 \times 10^4$ t，年吞吐量达 10×10^4 t 以上，是滦河口渔场重要的水产品集散港（图 1 - 13）。

图 1 - 13　新开口渔港

四、海水养殖

海水养殖主要集中在保护区近岸及浅海海域。经过多年的发展，养殖方式包括浮筏养殖、池塘养殖、工厂化养殖、底播增殖等，养殖品种包括扇贝、海参、对虾、河豚、牙鲆、大菱鲆等 20 余个品种。近年来区内养殖规模逐年扩大，养殖面积不断增加。池塘养殖面积由 2002 年的 1 067 hm² 增加到 2009 年的 3 000 hm²，增加了约 2.8 倍。浅海浮筏养殖面积也由 1995 年的 156 hm² 增加到 2012 年的 43 000 hm²，18 年间扩大了 275 倍（图 1 – 14）。

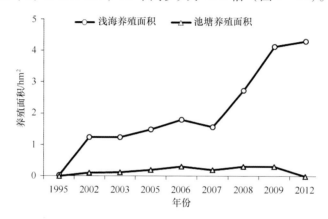

图 1 – 14　昌黎县历年海水养殖面积统计

第二章 研究方法

第一节 调查站位

调查区域为北至大蒲河口、南至滦河口、20 m 等深线以内的近岸海域，总面积约 1 140 km²。区域内共设 24 个监测站位，其中 19 个近岸调查站位（1~19 号），5 个潮间带调查站位（A~E），见图 2-1 和表 2-1。

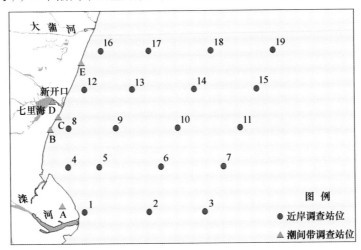

图 2-1　监测站位

表 2-1　调查站位经、纬度

站号	经度（E）	纬度（N）
1	119°18′48″	39°26′30″
2	119°24′00″	39°26′30″
3	119°28′30″	39°26′30″
4	119°17′30″	39°30′00″
5	119°19′60″	39°30′00″

续表

站号	经度（E）	纬度（N）
6	119°25′00″	39°30′00″
7	119°30′00″	39°30′00″
8	119°17′33″	39°33′00″
9	119°21′21″	39°33′00″
10	119°26′21″	39°33′00″
11	119°31′21″	39°33′00″
12	119°18′51″	39°36′00″
13	119°22′42″	39°36′00″
14	119°27′42″	39°36′00″
15	119°32′42″	39°36′00″
16	119°20′12″	39°39′00″
17	119°24′03″	39°39′00″
18	119°29′03″	39°39′00″
19	119°34′03″	39°39′00″
A	119°17′00″	39°27′00″
B	119°16′06″	39°32′57″
C	119°16′44″	39°33′55″
D	119°16′17″	39°35′08″
E	119°18′38″	39°38′06″

第二节　调查指标和频率

一、环境指标

环境指标分为水环境、沉积环境和生物质量 3 大类共 24 个指标（见表 2-2）。

表 2 - 2　环境调查指标分类

环境介质	指　标
水环境	水温、透明度、pH、溶解氧、盐度、硝酸盐 - 氮、亚硝酸 - 氮、氨 - 氮、活性磷酸盐 - 磷、叶绿素 a
沉积环境	硫化物、有机碳、石油类、粒度
生物质量	石油烃、汞、镉、铅、铜、砷、PCBs、PAHs、六六六、DDTs

二、生物群落

生物群落调查指标包括近岸海域生物群落和潮间带生物群落。近岸海域生物群落包括浮游植物、浮游动物、底栖动物群落，调查指标有种类组成、数量、生物量等，并对区内主要保护对象文昌鱼的种群数量、生物量、体长、体重、空间分布等进行调查；潮间带生物群落调查指标包括种类组成、栖息密度、生物量等。

三、监测调查频率

1999—2013 年连续 15 年开展了海洋生态调查，其中，1999 年分别于 2 月、5 月、8 月和 11 月开展了 4 个航次调查，2010 年为 3 次（5 月、8 月、10 月），其余年度均每年 2 次，时间为 5 月和 8 月。

第三节　样品采集与分析

一、样品采集

依据《海洋监测规范》（GB 17378—2007）[17]中规定的方法，采集海水、沉积物和生物样品，具体方法如下。

使用 5 L 有机玻璃采水器于现场采集表层水样，并收集到样品瓶，以备实验室内水质分析。石油类采用单层采水器固定采样瓶在水中直接灌装。

使用采样面积为 0.05 m² 的抓斗式采泥器采集表层沉积物（10 cm）样品，样品采集后，用面积为 0.2 m² 的正方形塑料盘接样。分别取 5 g 湿样，放入密闭玻璃瓶中保存，分别用于硫化物、有机质和石油类样品分析，并在硫化物样品中加入固定剂乙酸锌。取 500 ~ 600 g 湿样，放入聚乙烯袋中保存，用于测定粒度指标。

使用采样面积为 0.05 m² 抓斗式采泥器采集底栖生物样品，每个站位重复4 次，用底层孔径为 0.5 mm 的套筛分选底栖生物样品。样品收集到样品瓶中，用 5% 甲醛固定保存。

采用浅水 Ⅲ 型浮游生物网采集浮游植物，浅水 Ⅰ 型和 Ⅱ 型浮游生物网采集浮游动物样品，样品收集到样品瓶中，用 5% 甲醛固定保存。

在 A、B、C、D、E 这 5 个潮间带生物调查站位，每个站位设高、中、低3 个潮区，每个潮区用 25 cm × 25 cm × 30 cm 的定量框采集 4 个样方，底内生物样品采用底层孔径为 0.5 mm 的套筛分选，样品收集到样品瓶中，用 5% 甲醛固定保存。

在调查海区作业的回港渔船上收集保护区内常见经济种脉红螺（*Rapana venosa*）和蓝点马鲛（*Sawara niphonia*）样品，取样量为 1.5 kg 左右，用海水冲洗干净，放入聚乙烯袋中，冷冻保存 –10 ～ –20℃，以备在实验室内进行生物质量分析。

二、分析测试

依据《海洋监测规范》（GB 17378—2007）中规定的分析测试方法进行实验室分析，各指标具体分析测试方法见表 2-3。

表 2-3　监测指标及分析测试方法

项目	指标	分析测试方法	参考标准
水环境	温度	颠倒温度表法	GB 17378.4—1998
	透明度	目视法	
	pH	pH 计法	
	溶解氧	碘量法	
	盐度	盐度计法	
	亚硝酸盐—氮	奈乙二胺分光光度法	
	硝酸盐—氮	锌–镉还原法	
	氨—氮	次溴酸盐氧化法	
	活性磷酸盐	磷钼蓝分光光度法	
	叶绿素 a	分光光度法	GB 17378.7—1998

续表

项目	指标	分析测试方法	参考标准
沉积环境	粒度	筛分法结合沉析法	GB 17378.5—1998
	石油类	紫外分光光度法	
	硫化物	亚甲基蓝分光光度法	
	有机质（碳）	重铬酸钾氧化—还原容量法	
生物质量	粒度	筛分法结合沉析法	GB 17378.6—1998
	石油烃	荧光分光光度法	
	汞	冷原子吸收光度法	
	砷	氢化物原子吸收分光光度法	
	镉	原子吸收分光光度法	
	铅		
	多氯联苯（PCBs）	气相色谱法	
	多环芳烃（PAHs）		
	六六六		
	DDTs		
生物群落	浮游植物、浮游动物和底栖生物（包括潮间带生物）的种类组成（优势种）、数量、生物量	计数法	GB 17378.7—1998
文昌鱼种群	种群数量、生物量、体长、体重、食性	计数法、称重法、目测法	

第四节 评价方法

一、环境质量

依据《海水水质标准》（GB 3097—1997）[18]、《海洋沉积物标准》（GB 18668—2002）[19]和《海洋生物质量标准》（GB 18421—2001）[20]、《无公害食品水产品中有毒有害物质限量》（NY 5073—2006）[21]，采用单因子评价法，分别确定海水、沉积物和生物体中各要素的质量等级。

应用单因子评价法进行评价，其标准指数计算公式（2-1）为：

$$S_{ij} = \frac{G_{ij}}{G_{si}} \qquad (2-1)$$

DO 的标准指数计算公式（2-2）和公式（2-3）为：

$$S_{DOj} = \begin{cases} \dfrac{DO_f - DO_j}{DO_f - DO_s} & DO_j \geqslant DO_s \\ 10 - 9\dfrac{DO_j}{DO_s} & DO_j < DO_s \end{cases} \qquad (2-2)$$

$$DO_f = 486/(31.6 + T) \qquad (2-3)$$

pH 的标准指数计算公式（2-4）和公式（2-5）为：

$$P_{pH} = (pH_j - 7.0)/(pH_{su} - 7.0) \quad pH_j > 7.0 \qquad (2-4)$$

$$P_{pH} = (7.0 - pH_j)/(7.0 - pH_{su}) \quad pH_j > 7.0 \qquad (2-5)$$

其中：S_{ij} 为标准指数；C_{ij} 为污染指数 i 在测站 j 的浓度；C_{sj} 为污染指数 i 的标准值；S_{DO_j} 为溶解氧的标准指数；DO_f 为饱和溶解氧的浓度；DO_j 为 j 站溶解氧的测定值；DO_s 为溶解氧的评价标准值；T 为 j 站的水温；pH_j 为第 j 站 pH 的测定值，pH_{su} 为 pH 的评价标准的上限值。

当 $S_{ij} \leqslant 1.0$ 时，符合标准；当 $S_{ij} > 1.0$ 时，为超出标准。单因子质量指数法由于评价和描述环境质量状况，并判定海洋污染的主要污染物及其污染程度。

二、生物多样性

根据各站位定量样品的生物种类数、丰度数，计算生物群落的多样性指数（Shannon—Weaver）[22]，以此反映生物群落结构的组成和特征。其公式（2-6）为：

$$H' = -\sum_{i=1}^{s} P_i \log_2 P_i \qquad (2-6)$$

式中：H'——种类多样性指数；

   S——样品中的种类总数；

   P_i——第 i 种的个体数（n_i）与总个体数（N）的比值（n_i/N）。

三、生态系统健康状况

根据海洋行业标准《近岸海洋生态健康评价指南》（HY/T 087—2005）[23]，应按河口海湾生态健康评价方法与标准评价调查区域生态健康状况。

生态健康指数按公式（2-7）计算：

$$CEH_{indx} = \sum_{1}^{p} INDX_i \qquad (2-7)$$

式中：CEH_{indx}——生态健康指数；

   $INDX_i$——第 i 类指标健康指数；

p——评价指标类群数。

依据 CEH_{indx} 评价生态系统健康状况：当 $CEH_{indx} \geq 75$ 时，生态系统处于健康状态；当 $50 \leq CEH_{indx} < 75$ 时，生态系统处于亚健康状态；当 $CEH_{indx} < 50$ 时，生态系统处于不健康状态。

河口及海湾生态系统健康状况评价包括五类指标，指标权重分别为水环境 15；沉积环境 10；生物残毒 10；栖息地 15；生物 50。各类指标评价方法如下。

1. 水环境评价

水环境评价指标与赋值见表 2 - 4。

表 2 - 4 水环境评价指标与赋值

序号	指标	等级 I	等级 II	等级 III
1	溶解氧/（mg/L）	≥6	≥5～<6	<5
2	盐度年/季变化	≤3	>3～≤5	>5
3	pH	>7.5～≤8.5	>7.0～≤7.5 或 >8.5～≤9.0	≤7.0 或 >9.0
4	活性磷酸盐/（μg/L）	≤15	>15～≤30	>30
5	无机氮/（μg/L）	≤200	>200～≤300	>300
	赋值	15	10	5

水环境每项评价指标的赋值按公式（2-8）计算：

$$W_q = \frac{\sum_1^n W_i}{n} \tag{2-8}$$

式中：W_q——第 q 项评价指标赋值；

   W_i——第 i 个站位第 q 项评价指标赋值；

   n——评价区域监测站位总数。

水环境健康指数按公式（2-9）计算：

$$W_{indx} = \frac{\sum_1^m W_q}{m} \tag{2-9}$$

式中：W_{indx}——水环境健康指数；

   W_q——第 q 项评价指标赋值；

   m——评价区域评价指标总数。

当 $5 \leq W_{indx} < 8$ 时，水环境为不健康；当 $8 \leq W_{indx} < 11$ 时，水环境为亚健康；当 $11 \leq W_{indx} \leq 15$ 时，水环境为健康。

2. 沉积环境评价

沉积环境评价指标与赋值见表2-5。

表2-5 沉积环境评价指标、要求与赋值

序号	指标	等级Ⅰ	等级Ⅱ	等级Ⅲ
1	有机碳含量	≤2.0%	>2.0%~≤3.0%	>3.0%
2	硫化物含量/（μg/g）	300	>300~≤500	>500
	赋值	10	5	1

沉积环境各项评价指标赋值按公式（2-10）计算：

$$S_q = \frac{\sum_1^n S_i}{n} \tag{2-10}$$

式中：S_q——沉积环境中第 q 项评价指标赋值；

S_i——沉积环境中第 i 个站位第 q 项评价指标赋值；

n——评价区域监测站位总数。

沉积环境健康指数按公式（2-11）计算：

$$S_{indx} = \frac{\sum_1^q S_i}{q} \tag{2-11}$$

式中：S_{indx}——沉积环境健康指数；

S_i——第 i 项评价指标赋值；

q——评价指标总数。

当 $1 \leqslant S_{indx} < 3$ 时，沉积环境为不健康状态；当 $3 \leqslant S_{indx} < 7$ 时，沉积环境为亚健康状态；当 $7 \leqslant S_{indx} \leqslant 10$ 时，沉积环境为健康状态。

3. 栖息地评价

栖息地评价指标与赋值见表2-6。

表2-6 栖息地评价指标、要求与赋值

指标	等级Ⅰ	等级Ⅱ	等级Ⅲ
沉积物主要组分含量年际变化	≤2%	>2%~≤5%	>5%
赋值	15	10	5

沉积物主要组分含量年度变化赋值按公式（2-12）计算：

$$SG = \frac{\sum_1^n SG_i}{n} \tag{2-12}$$

式中：SG——评价区域沉积物主要组分含量年度变化赋值；

$\quad\quad SG_i$——第 i 个站位沉积物主要组分含量年度变化赋值；

$\quad\quad n$——评价区域监测站位总数。

栖息地健康指数按公式（2－13）计算：

$$E_{indx} = \frac{\sum_1^q E_i}{q} \qquad\qquad (2-13)$$

式中：E_{indx}——栖息地健康指数；

$\quad\quad E_i$——第 q 项栖息地评价指标赋值；

$\quad\quad q$——栖息地评价指标总数。

当 $5 \leqslant E_{indx} < 8$ 时，栖息地为不健康；当 $8 \leqslant E_{indx} < 11$ 时，栖息地为亚健康；当 $11 \leqslant E_{indx} \leqslant 15$ 时，栖息地为健康。

4. 生物体污染物残留量评价

生物体残毒评价指标与赋值见表 2－7。

表 2－7　生物体污染物残留量评价指标与赋值

序号	指标	等级 I	等级 II	等级 III
1	Hg/（μg/g）	≤0.05	>0.05～≤0.10	>0.10
2	Cd/（μg/g）	≤0.2	>0.2～≤2.0	>2.0
3	Cu/（μg/g）	≤10	>10～≤20	>20
4	Pb/（μg/g）	≤0.1	>0.1～≤2.0	>2.0
5	As/（μg/g）	≤1.0	>1.0～≤5.0	>5.0
6	石油类/（μg/g）	≤15	>15～≤50	>50
赋值		10	5	1

每个生物样品生物残毒的赋值按公式（2－14）计算：

$$BR_q = \frac{\sum_1^n BR_i}{n} \qquad\qquad (2-14)$$

式中：BR_q——第 q 份样品赋值；

$\quad\quad BR_i$——第 i 项评价指标赋值；

$\quad\quad n$——评价的污染物指标总数。

生物残毒指数按公式（2－15）计算：

$$BR_{indx} = \frac{\sum_1^m BR_q}{m} \qquad\qquad (2-15)$$

式中：BR_{indx}——生物残毒指数；

BR_q——评价区域第 q 份样品赋值；

m——评价区域监测生物样品总数。

当 $1 \leqslant BR_{indx} < 4$ 时，环境受到污染；当 $4 \leqslant BR_{indx} < 7$ 时，环境受到轻微污染；当 $7 \leqslant BR_{indx} \leqslant 10$ 时，环境未受到污染。

5. 生物评价

生物评价指标、要求与赋值见表 2 - 8。

表 2 - 8　生物评价指标、要求与赋值

序号	指标	等级 I	等级 II	等级 III
1	浮游植物密度/（个/m³）	>50% A ~ ≤150% A	>10% A ~ ≤50% A 或 >150% A - ≤200% A	≤10% A 或 >200% A
2	浮游动物密度/（个/m³）	>75% B ~ ≤125% B	>50% B ~ ≤75% B 或 >125% B ~ ≤130% B	≤50% B 或 >150% B
3	浮游动物生物量/（mg/m³）	>75% C ~ ≤125% C	>50% C ~ ≤75% C 或 >125% C ~ ≤150% C	≤50% C 或 >150% C
4	鱼卵及仔鱼密度/（个/m³）	>50	>5 ~ ≤50	≤5
5	底栖动物密度/（个/m²）	>75% D ~ ≤125% D	>50% D ~ ≤75% D 或 >125% D - ≤150% D	≤50% D 或 >150% D
6	底栖动物生物量/（g/m²）	>75% E ~ ≤125% E	>50% E ~ ≤75% E 或 >125% E - ≤150% E	≤50% E 或 >150% E
赋值		50	30	10

A、B、C、D、E 潮间带调查站位标准值见表 2 - 9。

表 2 - 9　监测区域浮游生物及大型底栖生物评价依据

时间	A /（×10⁵ 个/m³）	B /（×10³ 个/m³）	C /（mg/m³）	D /（个/m²）	E /（g/m²）
8 月	15	12	400.0	400	30.0

生物各项指标平均值按公式（2 - 16）计算：

$$\overline{D} = \frac{\sum_1^n D_i}{n} \tag{2 - 16}$$

式中：$\overline{D}$——评价区域平均值；

D_i——第 i 个站位测值；

n——评价区域监测站位总数。

根据 $\overline{D}$ 值及赋值要求对相应指标进行赋值。

生物健康指数按公式（2－17）计算：

$$B_{indx} = \frac{\sum_1^q B_i}{q} \qquad (2-17)$$

式中：B_{indx}——生物健康状况指数；

　　　B_i——第 i 个生物评价指标赋值；

　　　q——生物评价指标总数。

当 $10 \leqslant B_{indx} < 20$ 时，生物处于不健康状态；当 $20 \leqslant B_{indx} < 35$ 时，生物处于亚健康状态；当 $35 \leqslant B_{indx} \leqslant 50$ 时，生物处于健康状态。

四、调查要素变化趋势

利用参数假设检验概念，通过斯切非解法（scheffe），比较和判断各类调查要素的时间变化趋势和波动幅度，计算公式为式（2－18）：

$$Z_i = \delta_i - \sqrt{\frac{n_1}{n_2}}\vartheta_i + \frac{1}{\sqrt{n_1 \times n_2}}\sum_{k=1}^{n_1}\vartheta_k - \frac{1}{n_2}\sum_{k=1}^{n_2}\vartheta_k\,(i = 1,\cdots,n_i)$$

$$(2-18)$$

$Z_{1z},\cdots,Z_{n1}$ 为来自总体 Z 服从正太分布的子样。此时，关于数学期望是否相等的假设检验，就等价于考虑检验问题：

$$H_0 : d = 0, H_1 : d \neq 0$$

使用 t 检验法验证假设：

$$\overline{Z} = \frac{1}{n_1}\sum_{i=1}^{n_1} Z_K$$

$$S^2 = \frac{1}{n}\sum_{i=1}^{n_1}(Z_K - \overline{Z})^2$$

当 H_0 成立时，可用建立公式（2－19），作为 H_0 的检验统计量：

$$\sqrt{n_1 - 1}\,\frac{\overline{Z}}{S} \sim t(n_i - 1) \qquad (2-19)$$

第三章 水环境

第一节 水 温

调查海域地处暖温带近岸河口区，表层海水温度的空间差异和季节差异显著。调查的4个季节的代表月份中，8月表层水温最高，5月次之，再次是11月，2月最低，如图3-1所示。

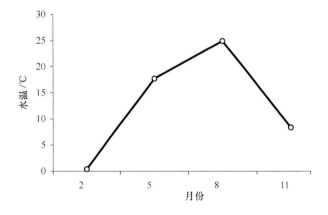

图3-1 1999年表层海水水温季节变化

表层海水温度总体呈现出秋冬季近岸低、远岸高，春夏季近岸高、远岸低的特点（图3-2）。

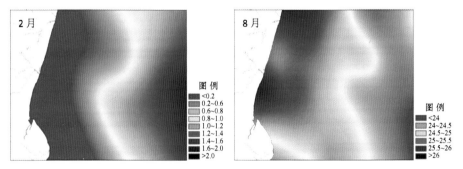

图3-2 1999年表层海水水温（℃）平面分布

1999—2013 年，调查海域 8 月的表层海水温度的波动范围为 24.0 ~ 27.0℃，1999—2004 年和 2009—2013 年两个时段年际波动剧烈（图 3 - 3）。

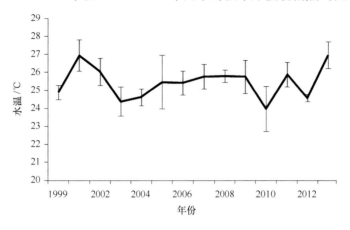

图 3 - 3 8 月表层海水水温年际变化

第二节 盐 度

调查海域位于滦河口附近区域，表层海水盐度的波动范围为 31.1 ~ 32.2，周年平均值为 31.5。11 月最高，其他季度月较低（图 3 - 4）。

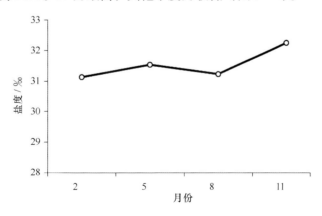

图 3 - 4 1999 年表层海水盐度季节变化

表层海水盐度总体呈现近岸低、远岸高的特点。受河流丰水期影响，夏季表层海水盐度较低（图 3 - 5）。

1999—2013 年，调查海域 8 月表层海水盐度的波动范围为 29.3 ~ 36.5，其中，2002 年盐度最高，2012 年最低。1999—2002 年，海水盐度呈现出上升

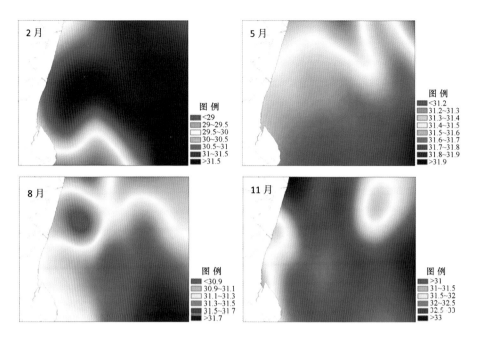

图 3 - 5 1999 年表层海水盐度平面分布

趋势，2002—2013 年，海水盐度呈现出下降趋势。海水盐度主要受滦河入海
淡水量的控制，2012 年 7 月下旬至 8 月上旬，滦河发生了 1996 年以来最大一
次暴雨洪水过程，调查区域盐度达到最低（图 3 - 6）。

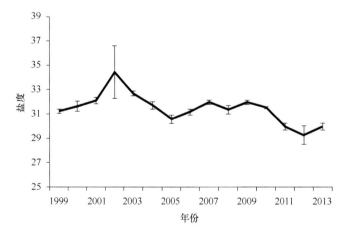

图 3 - 6 8 月表层海水盐度年际变化

第三节 透明度

调查海域海水透明度季节变化明显，秋季高、夏季低，透明度总体呈现出近岸低、远岸高的特点（图3-7）。

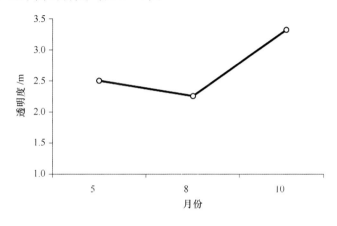

图3-7 2010年海水透明度季节变化

2002—2013年，调查海域8月海水透明度的多年平均值为2.5 m，波动范围为1.6~4.7 m，2007年最高，2011年最低。近5年与调查初期相比，透明度呈显著的下降趋势（$t_{0.1}=8.0501$），透明度下降的原因可能与该海域扇贝浮筏养殖面积不断扩大以及海水富营养化程度加重有关（图3-8）。

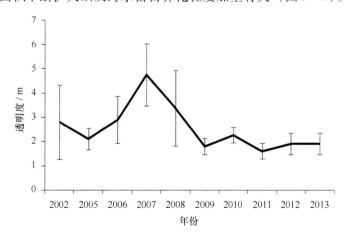

图3-8 8月海水透明度年际变化

第四节　溶解氧

调查海域表层海水中的溶解氧含量季节特征明显，波动范围为 7.1 ~ 11.6 mg/L，2 月和 11 月较高，5 月和 8 月较低（图 3-9）。

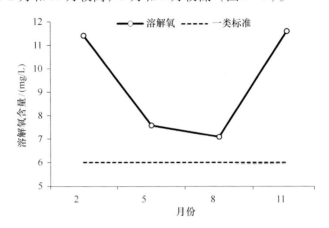

图 3-9　1999 年表层海水溶解氧含量季节变化

1999—2013 年，8 月表层海水中溶解氧含量总体呈上升趋势，变化范围为 6.6 ~ 9.2 mg/L，2011 年最高，2007 年最低（图 3-10）。

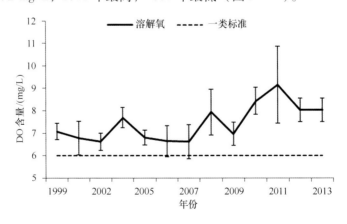

图 3-10　8 月表层海水溶解氧含量年际变化

第五节　pH 值

调查海域表层海水 pH 值季节变化稳定,夏季高于春、秋两季(图 3 - 11)。

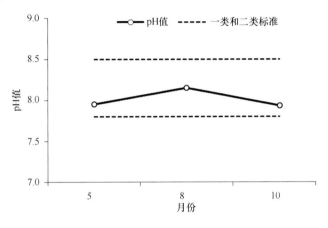

图 3 - 11　2010 年表层海水 pH 值季节变化

2002—2013 年,调查海域 8 月表层海水 pH 值的变化范围为 7.7 ~ 9.5,最高值出现在 2006 年,该年度 89% 的站位 pH 值超过三类和四类海水水质标准。监测初期 pH 值的年际波动幅度较大,2007 年之后 pH 值年际变化逐渐稳定,在一类海水水质标准 7.8 ~ 8.5 的范围内波动(图 3 - 12)。

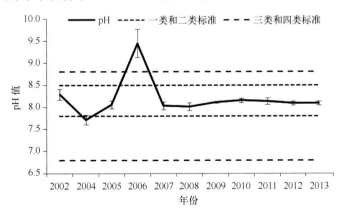

图 3 - 12　8 月表层海水 pH 值年际变化

第六节　化学需氧量

调查海域表层海水中化学需氧量8月最高，5月和11月两个季度月含量较低（图3-13）。

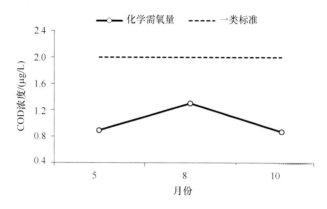

图3-13　2010年表层海水中化学需氧量季节变化

1999—2013年，8月表层海水化学需氧量总体呈上升趋势（$t_{0.1}$ = -5.0563）。多年平均值为1.7 mg/L，变化范围为0.7~3.0 mg/L。2011年化学需氧量最高，其中30%的站位为劣四类，5%站位为三类或四类。其余年度各站位的化学需氧量均符合一类水质标准（图3-14）。

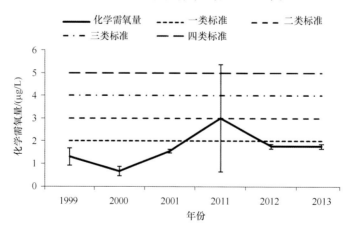

图3-14　8月表层海水中化学需氧量年际变化

第七节 营养盐

一、营养盐含量

1. 无机氮

调查海域表层海水中无机氮含量具有明显的季节变化特征，夏季最高，其次是秋季，冬季、春季低（图3-15）。

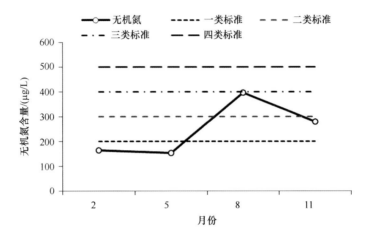

图3-15 1999年海水中无机氮含量季节变化

调查海域海水中无机氮含量分布特征如图3-16所示。冬季和春季分布特征相似，高含量区主要集中在河口区域，夏季、秋季高含量区的覆盖范围明显扩大。

1999—2013年，调查海域8月表层海水中无机氮含量变化可划分为特征明显的三个时段：1999—2003年，海水无机氮含量呈现明显的下降趋势；2004—2009年，无机氮含量相对稳定，符合一类海水水质标准；2010—2013年，无机氮含量波动明显，2010年因 NO_3-N 含量增加（1 550.5 μg/L）导致无机氮的含量陡增，整个区域无机氮的含量（1 668.4 μg/L）超过四类海水水质标准3倍，污染严重（图3-17）。

2. 活性磷酸盐

调查海域海水中活性磷酸盐含量的季节变化特征为冬季、夏季高，春季、秋季较低（图3-18）。

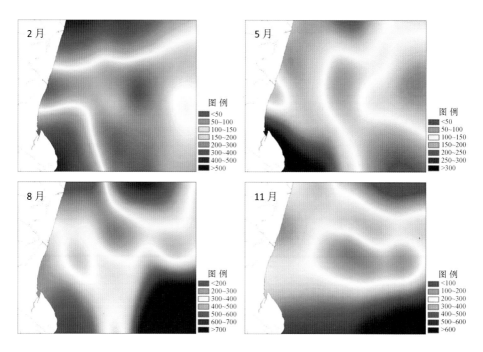

图 3 - 16 1999 年表层海水中无机氮含量平面分布（μg/L）

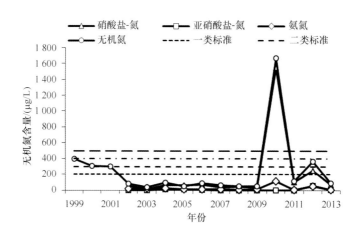

图 3 - 17 8 月表层海水无机氮含量年际变化

图 3 - 19 为活性磷酸盐季节分布特征与无机氮相似，冬季高值区主要集中大蒲河口与新开口之间的外海海域，近岸区为低值区；春季分布趋势与冬季相反，高值区为大蒲河口近岸以及滦河口外海海域；夏季活性磷酸盐高值区主要集中在大蒲河口与新开口近岸以及新开口外 5～15 m 等深线海域；秋季分布特征与春季相似，高值区主要集中在大蒲河口近岸以及滦河口北部近岸海域。

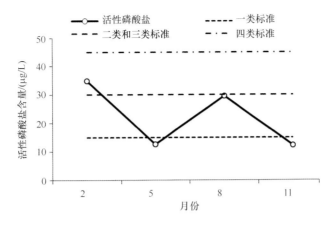

图 3 - 18　1999 年表层海水中活性磷酸盐含量季节变化

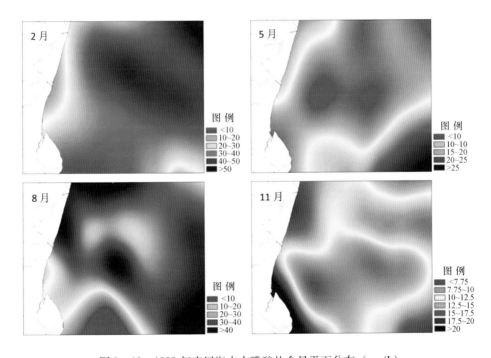

图 3 - 19　1999 年表层海水中磷酸盐含量平面分布（μg/L）

1999—2011 年调查海域海水中活性磷酸盐含量总体呈下降趋势（图 3 - 20）。2012 年海水活性磷酸盐含量明显升高，劣于第四类海水水质标准。2013 年海水活性磷酸盐含量恢复至 2010 年的水平。

二、营养盐结构

通常情况下，海水中 N/P 比值约为 16∶1，而海洋中浮游植物从海水中摄

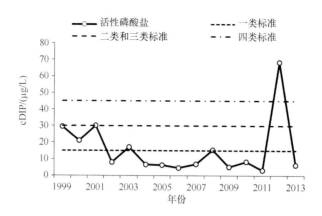

图 3 - 20　8 月表层海水活性磷酸盐年际变化

取的 N/P 比值也约为 16∶1，因此可利用 N/P 比值作为判断海水富营养化以及
浮游生物受到营养元素限制的依据[24,25]。1999—2013 年调查海域 N/P 比值年
际波动变化如图 3 - 21 所示。可见，调查海域海水磷限制占主导，为总监测
年数的 73%。2010 年由于无机氮含量严重超标（1 668.4 μg/L），N/P 比值异
常增加至 451∶1；2003 年 N/P 比值最低，为 5∶1，表明 2003 年调查海域氮元
素相对匮乏。

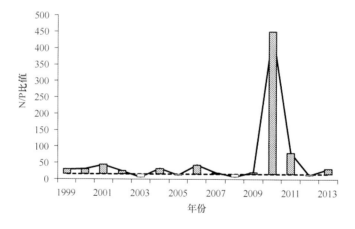

图 3 - 21　8 月海水营养盐 N/P 比值年际变化

第八节　石油类

　　1999—2013 年，调查海域 8 月表层海水中石油类含量总体呈上升趋势
（图 3 - 22）。各年度的平均含量为 31.3 μg/L，波动范围为 4.4 ~ 100.8 μg/L，

最高值出现在2013年，该年度95%的站位中石油类含量超一类和二类海水水质标准，为三类海水水质标准，石油类高值区主要集中在新开口近岸。

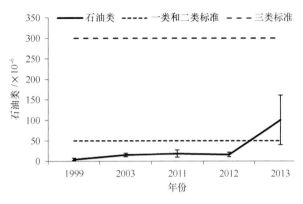

图3-22　8月海水中石油类含量年际变化

第九节　叶绿素

调查海域海水中叶绿素 a 的季节变化范围为 2.0 ~ 10.0 μg/L，最高值出现在 2 月，最低值出现在 5 月（图3-23）。

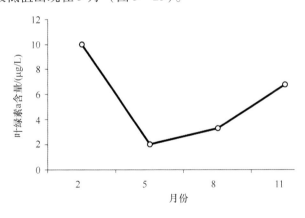

图3-23　1999年海水中叶绿素 a 含量季节变化

春季叶绿素 a 分布相对均匀，夏季高含量区转移到滦河口近岸区，秋季高含量区域主要分布于近岸，冬季枯水期叶绿素 a 的高含量区位于新开口近岸及其外海 15 ~ 20 m 等深海域（图3-24）。

1999—2013年，调查海域8月叶绿素 a 含量呈波动下降趋势（$t_{0.1}$ =

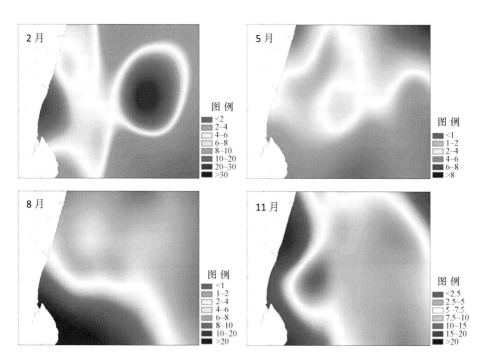

图 3-24　海水中叶绿素 a 含量平面分布（μg/L）

1.891 9），波动范围为 3.0～12.9 μg/L，2001 年含量最高，1999 年最低
（图 3-25）。

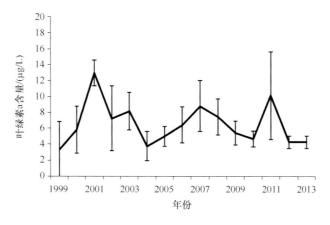

图 3-25　8 月海水中叶绿素 a 含量年际变化

第四章 沉积环境

第一节 沉积物粒度

调查海域海底表层（0~20 cm）沉积物粒度范围在 0.001~4.0 mm，沉积物类型主要有中砂、细砂、粉砂质砂、黏土质砂、黏土质粉砂、砂质粉砂以及砂粉砂黏土等类型，其中最为集中的粒径在 0.5~0.063 mm，其岩性为中砂至细砂。

2000—2013 年沉积物粒度监测结果显示，砂和黏土的比例在下降，近 5 年来两者百分含量的平均值分别为 82.0% 和 8.2%，与监测初期前 5 年的平均值相比下降明显，分别下降了 4.6%（$t_{0.1} = 1.515\ 8$）和 2.3%（$t_{0.1} = 1.712\ 4$），同期的粉砂比例明显升高，升幅为 6.8%（$t_{0.1} = -1.535\ 7$），该区域沉积物三大组分变化明显（图 4-1）。

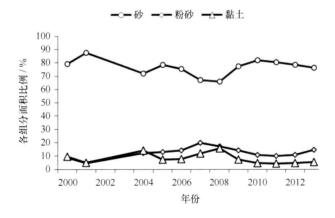

图 4-1 沉积物主要组分百分含量年际变化

调查海域位于河口区域，受冲淡水和海洋动力的共同作用，沉积物各组分的时空变化极显著（图 4-2）。从总体分布特征来看，滦河口近岸以粉砂和黏土为主，新开口与大蒲河口之间 5~20 m 等深海域以砂为主。各组分的空间分布不稳定，由原本完整和具有层次的分布方式向破碎化、复杂化演变。

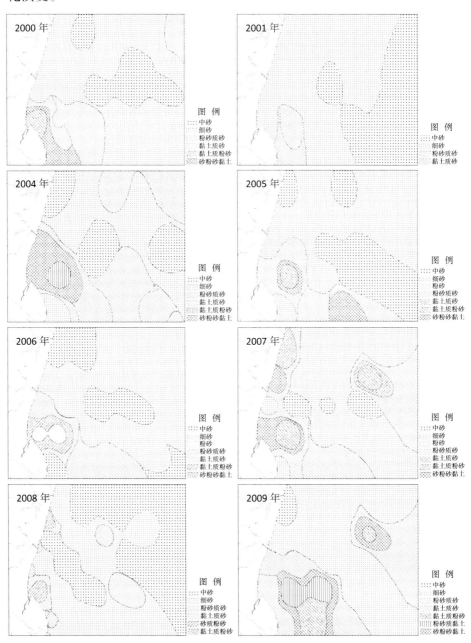

图 4-2　沉积物底质类型分布（一）

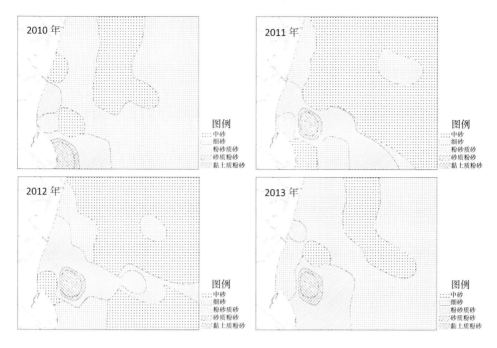

图 4 - 2 沉积物底质类型分布（二）

第二节 污染物含量

一、石油类

1999—2013 年，调查海域同一季节（8 月）沉积物中石油类的平均含量总体呈上升趋势，平均值为 92.85×10^{-6}，变化范围 $5.34 \times 10^{-6} \sim 302.26 \times 10^{-6}$，最高值出现在 2013 年（图 4 - 3）。近年来的监测结果明显高于 2002 年之前的平均水平，虽然平均值未超标，但个别站位已出现污染。

2010 年以前，调查区域沉积物石油类含量均符合一类沉积物质量标准，2011—2013 年，位于滦河口与新开口之间的调查站位（5 号站位）的石油类含量逐年升高，2011 年石油类含量符合三类沉积物质量标准（$1\,050 \times 10^{-6}$），2012 年和 2013 年均劣于三类沉积物质量标准（图 4 - 4）。新开口与滦河口之间 $10 \sim 15$ m 等深海域为主要的航道区，过往渔船可能是该区域受石油类污染的主要原因。

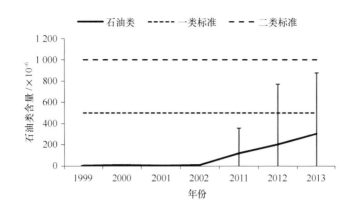

图4-3 8月沉积物中石油类含量年际变化

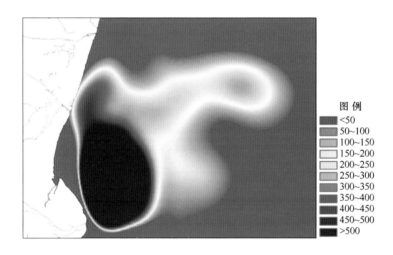

图4-4 2013年8月石油类含量平面分布（×10⁻⁶）

二、有机质

2000—2013 年，调查海域同一季节（8 月）的沉积物中有机质含量总体变化呈下降趋势（$t_{0.1} = 3.2728$），波动范围为 0.31% ~ 2.3%，平均含量为 0.6%。监测初期波动剧烈，2005 年之后变化趋于平稳。2002 年所有站位的沉积物有机质含量均符合二类沉积物质量标准，其余年份各站位沉积物有机质含量均符合一类沉积物质量标准（图 4-5）。

调查海域沉积物中有机质含量高的区域为滦河口近岸区域，该区域的沉积物类型以黏土质粉砂为主（图 4-6 和图 4-2）。

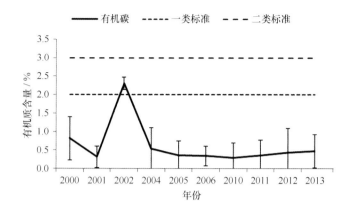

图 4 - 5 8 月沉积物中有机质含量年际变化

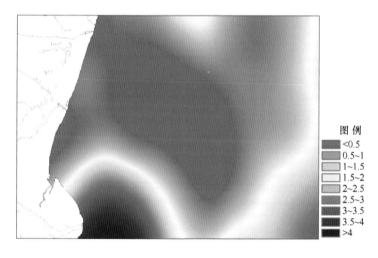

图 4 - 6 2000 年 8 月有机质含量平面分布（%）

三、硫化物

2002—2013 年，调查海域 8 月沉积物硫化物的含量变化呈下降趋势，2002 年硫化物的平均含量较高，2004 年达到峰值，该年度有 30% 站位的硫化物含量劣于三类沉积物质量标准，2005 年以后硫化物含量明显下降，此后各年度所有监测站位的硫化物含量均符合一类沉积物质量标准（图 4 - 7）。

调查海域内的沿岸区域和新开口外 10 ~ 15 m 等深海域为沉积物硫化物的低值分布区，高值区主要集中在大蒲河口外 10 ~ 20 m 等深海域（图 4 - 8）。

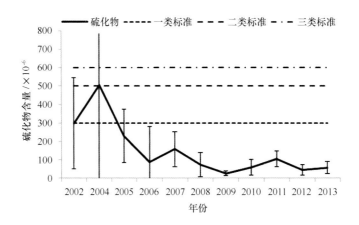

图4-7 沉积物中硫化物含量年际变化趋势

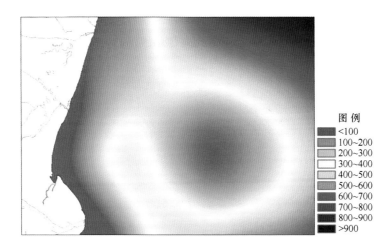

图4-8 2002年8月沉积物中硫化物含量平面分布（×10⁻⁶）

第五章　生物质量

生物对环境中的污染因子具有富集和放大作用，通过生物体内污染物含量变化可以反映环境污染状况及变化趋势。

2000—2013 年脉红螺（*Rapana venosa*）体内重金属和有机污染物含量变化趋势见表 5 - 1。可见，脉红螺体内重金属汞含量在多年的监测中均符合一类海洋生物质量标准，表明环境未受上述污染物污染；脉红螺体内铅、六六六、石油类和 DDTs 含量在个别年份符合二类海洋生物质量标准，表明环境存在受上述污染物污染风险；脉红螺体内砷、镉含量在个别年份劣于三类海洋生物质量标准，表明环境受上述两种污染物的污染风险高。

根据《无公害食品水产品中有毒有害物质限量标准（NY 5073—2006）》中的限值标准（PCBs 的含量限值为 2×10^{-6}），脉红螺体内 PCBs 含量均符合无公害食品水产品限量标准。目前我国还没有海洋生物体 PAHs 含量的评估标准，脉红螺体内 PAHs 含量处于很低的水平。

表 5 - 1　脉红螺生物质量指标变化趋势及超标情况

年份	石油烃 /×10⁻⁶	As /×10⁻⁶	Cd /×10⁻⁶	Pb /×10⁻⁶	Hg /×10⁻⁶	PCBs /×10⁻⁹	PAHs /×10⁻⁹	六六六 /×10⁻⁹	DDTs /×10⁻⁹
2000	4.67	0.238	0.005	0.000 5	0.013 0	16.604	89.41	63.294	3.521
2004	1.52	4.460	4.670	0.047 0	0.008 0	0.180	—	—	—
2005	4.20	2.802	0.297	0.068 0	0.016 0	3.960	—	1.190	1.370
2006	3.40	1.450	0.111	0.044 0	0.021 0	8.000	48.00	—	—
2007	18.60	0.670	0.170	0.021 0	0.026 0	10.300	121.38	5.000	17.170
2008	11.00	1.700	0.244	0.053 0	0.028 0	—	49.00	—	—
2009	11.10	10.60	0.322	0.115 0	0.008 0	2.940	555.20	1.020	21.550
2010	16.90	1.210	1.240	0.024 0	0.020	37.890	30.71	1.270	55.830
2012	22.40	2.320	1.120	0.051 0	0.021 0	10.010	42.51	1.540	4.430
2013	7.37	2.320	6.127	0.090	0.011 8	0.280	61.40	0.110	0.150

　　注："—"为未检出，黄色为符合二类生物质量标准，橙色为符合三类生物质量标准，红色为劣于三类生物质量标准。

2000—2014 年蓝点马鲛（*Sawara niphonia*）体内重金属和有机污染物含量变化趋势见表 5-2。蓝点马鲛体内重金属汞、石油类、DDTs 含量均符合一类海洋生物质量标准，表明环境未受上述污染物污染；砷、镉和铅的含量在多数年份符合一类生物质量标准，仅在个别年份符合二类海洋生物质量标准，表明环境存在上述污染物的污染风险；DDTs 含量在个别年份符合三类生物质量标准，表明环境存在较大的 DDTs 污染风险；PCBs 含量符合无公害食品水产品限量标准，PAHs 含量处于较低水平，表明环境未受到两者的污染。

表 5-2 蓝点马鲛生物质量指标变化趋势及超标情况

年份	石油烃 $/ \times 10^{-6}$	As $/ \times 10^{-6}$	Cd $/ \times 10^{-6}$	Pb $/ \times 10^{-6}$	Hg $/ \times 10^{-6}$	PCBs $/ \times 10^{-9}$	PAHs $/ \times 10^{-9}$	六六六 $/ \times 10^{-9}$	DDTs $/ \times 10^{-9}$
2000	3.18	0.188	0.01	0.004 5	0.008	—	58.54	9.298	0.353
2002	—	0.672	0.45	0.53	0.004	—	—	—	—
2004	3.40	1.81	0.039	0.034	0.005	0.25	—	—	—
2005	0.011	0.020	0.063	0.018	0.011	3.95	0.92	2.94	—
2006	2.99	0.24	0.089	0.010	0.021	15.1	60.5		
2007	9.14	0.30	0.12	0.011	0.026	17.83	108.37	7.86	23.09
2008	7.76	0.38	0.13	0.017	0.032	—	57.30	—	—
2009	9.69	2.97	0.26	0.071	0.012	8.96	668.00	2.71	18.97
2010	10.80	1.17	0.05	0.016	0.011	11.55	26.38	11.29	252.59
2013	9.39	0.96	0.012	0.040	0.014 8	0.24	50.2	0.07	0.50

注："—"为未检出，黄色为符合二类生物质量标准，橙色为符合三类生物质量标准。

综上所述，由于生物体内污染物富集水平具有种间差异，所以选择蓝点马鲛和脉红螺两类不同经济物种作为受试载体。迁移能力较弱的底栖生物脉红螺作为受试载体相比于游泳动物蓝点马鲛，更能稳定地表征一个区域内的长期环境质量状况以及评估不同区域间的环境质量差异。生物质量监测结果也证明了脉红螺体内污染物富集水平和超标指数远高于蓝点马鲛。

在两种受试生物体内均超标的污染因子为重金属汞、铅、镉、半金属砷以及有机污染物 DDTs，说明保护区环境存在上述污染因子污染的风险。

第六章 生物群落

第一节 浮游植物

一、种类组成

1999—2013 年，在调查海域共采集到浮游植物 3 门 23 科 43 属 136 种。其中，硅藻 15 科 35 属 116 种，占种类总数的 85.3%；甲藻 7 科 7 属 19 种，占种类总数的 14.0%；金藻 1 科 1 属 1 种，占种类总数的 0.7%。该区域浮游植物种类构成特征主要表现为以广温、广盐、广分布种类和广温沿岸性种类为主，以北温带到亚热带沿岸性种类以及广温性外洋种类为辅。

广温、广盐、广分布种类为优势类群，代表种为中肋骨条藻（*Skeletonema costatum*），具槽直链藻（*Melosira sulcata*）、整齐圆筛藻（*Coscinodis cusconcinnus* W. Smith）和刚毛根管藻（*Rhizosolenia setigera*）等，4 个季节均有出现。北温带到亚热带沿岸性类群，代表种脆根管藻（*Rhizosolenia fragilissima*），4 个季节均有出现。广温沿岸性种类，代表种为浮动弯角藻（*Eucompia zoodiacus* Ehrenberg）、日本星杆藻（*Asteerionella japonica* Cleve）、窄隙角毛藻（*Chaetoceros affinis* Lauder）、旋链角毛藻（*Chaetoceros curvisetus* Cleve）和爱氏角毛藻（*Chaetoceros eibenii* Grunow），此类群出现频率高，是保护区的主要类群。广温性外洋类群，代表种为星脐圆筛藻（*Coscinodiscus asteromphalus*）、虹彩圆筛藻（*Coscinodiscus oculus – iridis* Ehrenberg）、佛氏海毛藻（*Thalassiothrix frauenfeldii* Grunow）和笔尖形根管藻（*Rhixosolenia Stytiformis*），其中星脐圆筛藻、虹彩圆筛藻 4 个季节均有出现。

1999 年春季（2 月）、夏季（5 月）、秋季（8 月）和冬季（11 月），4 个季节共采集到浮游植物 70 种，分别隶属于硅藻门、甲藻门和金藻门。其中，夏季最高（55 种）、春季（54 种）和冬季（53 种）次之、秋季最少（40 种），各个季节浮游植物群落中，硅藻种类数量占优势，占总种类数量的 80% 以上，其次为甲藻，金藻比例最小（图 6 – 1）。

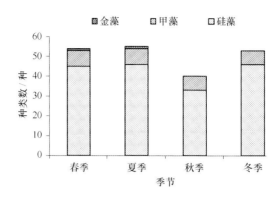

图 6-1　1999 年浮游植物种类数季节变化

1999—2013 年同一月份（8 月）监测结果显示，浮游植物种类数量最高为 61 种（2000 年），最少为 26 种（2011 年），各年度硅藻类种类数均占绝对优势，浮游植物种类数量呈下降趋势（图 6-2）。

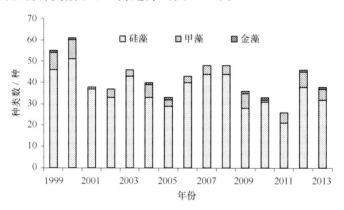

图 6-2　夏季浮游植物种类数年际变化

由图 6-3 可见，浮游植物种类数量的波动与水体中主要营养盐氮和磷的比例密切相关，当 N/P 比由接近正常比值 16∶1 逐渐升高至最高值时，浮游植物种类数量呈现逐渐降趋势；当 N/P 比由最高至向正常值（16∶1）接近时，浮游植物数量呈现升高趋势。2011 年的 N/P 比最高（82∶1），远远偏离正常值时，浮游植物种类数量最低（26 种）。

浮游植物优势种具有明显的季节演替现象（表 6-1）。春季浮游植物优势种为具槽直链藻和脆根管藻，分别占浮游植物细胞总数量的 71.3% 和 20.0%；夏季浮游植物优势种为星脐圆筛藻和浮动弯角藻（*Eucampia zoodiacus*），分别占浮游植物细胞总数量的 39.6% 和 17.6%；秋季浮游植物优势种为笔尖形根管藻（*Rhixosolenia styliformis*）和脆根管藻（*Rhixosolenia fragilissima*），分别占浮游植

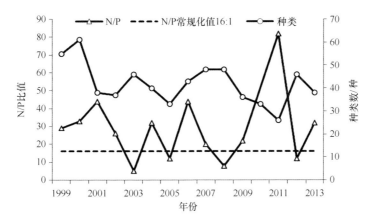

图 6-3　夏季浮游植物种类数和 N/P 比值年际变化

物细胞总数量的 58.9% 和 11.8%；冬季优势种为中肋骨条藻和日本星杆藻分别占浮游植物细胞总数量的 96.1% 和 2.2%。

表 6-1　浮游植物优势种季节变化

季节	优势种
春	具槽直链藻（*Melosira sulcata*）
	脆根管藻（*Rhizosolenia fragilissima*）
夏	星脐圆筛藻（*Coscinodiscus asteromphalus*）
	浮动弯角藻（*Eucampia zoodiacus*）
秋	笔尖形根管藻（*Rhixosolenia styliformis*）
	脆根管藻（*Rhixosolenia fragilissima*）
冬	中肋骨条藻（*Skeletonema costatum*）
	日本星杆藻（*Asteerionella japonica* Cleve）

　　浮游植物优势种年际变化差异极显著。从夏季来看，共 20 种浮游植物在不同的年份作为优势种出现，多数种类仅在一个监测年度形成优势，但窄细角毛藻（*Chaetoceros affinis* Lauder）在 2000 年、2001 年、2003 年和 2004 年 4 个年度形成优势，其次为洛氏角毛藻（*Chaetoceras lorenzianus*）和中肋骨条藻〔*Skeletonema costatum*（Grev.）Cleve〕分别在 3 个年度成为优势种。按照类群划分，硅藻类盒形藻目的角毛藻作为优势种出现次数最多达 10 次，圆筛藻目作为优势种出现 3 次，甲藻夜光藻作为优势种仅在 2011 年出现（表 6-2）。

　　4 个季节中，浮游植物生物多样性指数（*H'*）季节变化明显，夏季最高，其次为秋季，冬季最低（图 6-4）。

　　1999—2003 年，浮游植物多样性指数（Shannon - Weaver）呈上升趋势，

表 6-2　夏季浮游植物优势种年际变化

优势种	1999年	2000年	2001年	2002年	2003年	2004年	2005年	2006年	2007年	2008年	2009年	2010年	2011年	2012年	2013年
星脐圆筛藻（Coscinodiscus asteromphalus Ehrenberg）	△														
辐射圆筛藻（Coscinodiscus radiatus）							▲								
细弱圆筛藻（Coscinodiscus subtilis）														▲	
中肋骨条藻 [Skeletonema costatum(Grev.)Cleve]													▲		▲
具槽直链藻（Melosira sulcata）											▲	▲			
窄细角毛藻（Chaetoceros affinis Lauder）		▲	▲		▲	▲									
威氏窄细角毛藻（Chaetoceros affinis v. willei）		▲													
洛氏角毛藻（Chaetoceros lorenzianus）				▲			▲								
双孢角毛藻（Chaetoceros didymus）					▲										
柔弱角毛藻（Chaetoceros debilis）								▲							

续表

优势种	1999年	2000年	2001年	2002年	2003年	2004年	2005年	2006年	2007年	2008年	2009年	2010年	2011年	2012年	2013年
旋链角毛藻（Chaetoceros curvisetus）								▲							
绕孢角毛藻（Chaetoceros cinctus）											▲				
缢缩角毛藻（Chaetoceros constrictus）															▲
笔尖根管藻（Rhizosolenia styliformis）			▲						▲						
高盒形藻（Biddulphia regia）										▲					
佛氏海毛藻（Thalassiothrix frauenfeldii）						▲									
柔弱菱形藻（Nitzschia delicatissima）									▲						
海链藻（Thalassiosira sp.）												▲			
浮动弯角藻（Hemiaulus zoodiacus Ehrenberg）	▲									▲					
夜光藻（Noctiluca scintillans）													▲		

注：▲代表优势种出现。

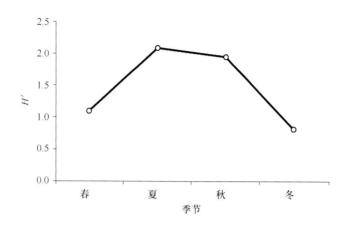

图 6 - 4　1999 年浮游植物多样性指数季节变化

2003 年达到峰值；2004—2011 年呈下降趋势，最低值出现在 2011 年，2012 年多样性指数有所回升，2013 年略有下降。1999—2013 年夏季浮游植物多样性指数总体呈下降趋势（图 6 - 5），1999—2004 年监测初期生物多样性指数的平均值为 3.0，远高于 2005—2013 年的平均值 1.8。

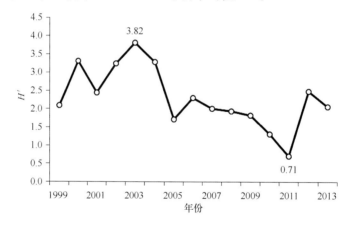

图 6 - 5　夏季浮游植物多样性指数年际变化趋势

二、细胞数量

浮游植物数量季节变化明显，最高值出现在冬季（78 190.1 × 10^4 ind./m^3），秋季次之（5 762.2 × 10^4 ind./m^3），春季最低（3.8 × 10^4 ind./m^3），季节间最高相差 4 个数量级（图 6 - 6）。冬季中肋骨条藻的暴发性繁殖是导致冬季总数量高的原因，其数量约占冬季浮游植物总丰度的 96%，而其余季节中肋骨条藻极少出现。各个季节浮游植物细胞密度的主要贡献者均为硅藻门藻类，在硅藻类细胞密度达到峰值的冬季，浮游植物总细胞密度达到最高峰，而在硅藻类细胞密度表为最低值的春季，总细胞密度亦为最低谷的时期，所以保护区浮游植物在种类组成和细胞密度组成上均由硅藻门藻类起主导作用。

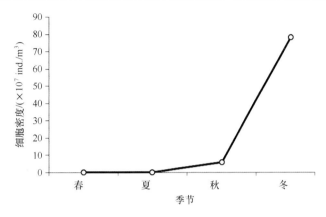

图 6 – 6　1999 年浮游植物细胞数量季节变化

　　从平面分布来看，春、夏、秋三季浮游植物数量呈明显的斑块状分布，空间分布不均匀。春季高值区在调查区内的东北角，低值区集中在调查区的大部分区域。夏季高值区范围较小，在调查区中部偏南和西北角近岸区域，低值区占据整个调查区北部。秋季高值区在调查区中部西南区域，低值区集中在调查区的大部分区域。冬季高值区集中在调查区近岸区域，远岸水域为低值区（图 6 – 7）。

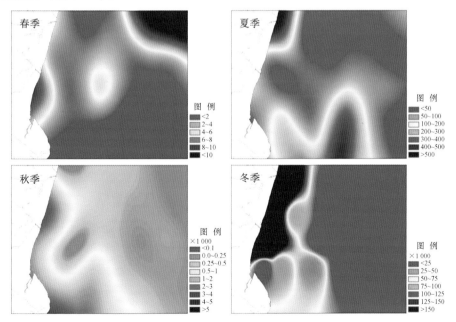

图 6 – 7　1999 年浮游植物数量平面分布（×10^4 ind. /m^3）

1999—2013 年夏季浮游植物细胞数量总体呈下降趋势（$t_{0.1}=4.2693$），年际间的波动十分剧烈，最大值出现在 2006 年（$5\,133.8\times10^4$ ind./m^3），最小值在 2009 年（2.3×10^4 ind./m^3）。总体来看，浮游植物细胞数量变化趋势呈双峰形，第一波峰出现在 2000—2002 年，第二波峰出现在 2006 年（图 6-8）。

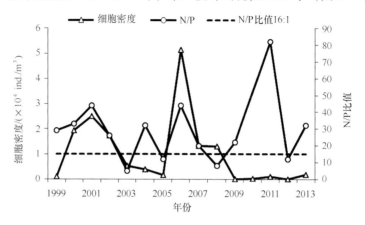

图 6-8 夏季浮游植物数量和 N/P 比值年际变化趋势

浮游植物数量变化随 N/P 改变呈现出明显的周期性。由图 6-8 可见，浮游植物数量波动与水体中主要营养盐氮和磷的比例密切相关：当 N/P 由接近正常比值 16∶1 逐渐升高至最高值，浮游植物数量也由最低值升至最高，也就是说，N/P 的变化周期与浮游植物的变化周期一致；当 N/P 高于正常值（16∶1）时浮游植物数量也较高，N/P 等于或低于正常值时，浮游植物数量低。两者的关系表明：浮游植物能够通过数量的增减来调解氮和磷营养盐的比例，使其接近正常；反之，氮和磷营养盐的比例也会促进浮游植物数量的增加或减少，两者的这种关系对海洋生态系统的稳定与平衡起到至关重要的作用。

第二节　浮游动物

一、种类组成

调查监测海域浮游动物群落主要以暖温带低盐近岸种为主，群落生态属性为暖温带低盐生态型。1999—2013 年，共采集到大、小型浮游动物 9 大类 43 种以及 12 种浮游幼虫。其中，桡足类 19 种，占 34%；水螅水母类 15 种，占 26%；浮游幼虫 12 种，占种类组成 22%；糠虾类 3 种，占 6%；纤毛类、栉水母类、枝角类、涟虫类、毛颚类和被囊类各 1 种，分别各占 2%。

浮游动物种类组成季节变化明显。夏季出现的种类最多，达42种，其次为春、秋季均为23种，冬季出现种类最少，仅为14种。4个季节均出现的种类仅有8种，占总种数的18.6%。种类数量的季节组成基本稳定，桡足类在4个季节占比最高，平均超过40%，但夏季桡足类种类却最少，表明夏季浮游动物种类最丰富。浮游动物群落主要以暖温带低盐近岸种为主，群落生态属性为暖温带低盐生态型（图6-9和附表2）。

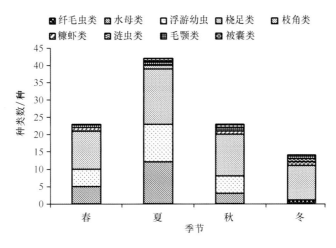

图6-9　1999年浮游动物种类数量季节变化

1999—2013年夏季浮游动物种类数总体呈现出先波动后趋于平缓的趋势。1999—2006年监测初期波动显著，最高值（2002年45种）和最低值（2001年26种）均出现在该时期，2003年之后种类数波动缓慢并趋于平稳，基本维持在年均38种左右（图6-10）。

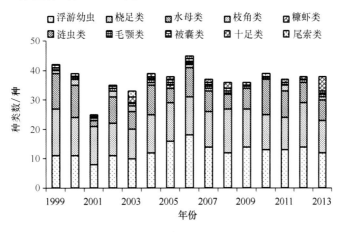

图6-10　夏季浮游动物种类数年际变化

浮游动物优势种具有明显的季节演替现象（表6-3）。大型浮游动物优势种中华哲水蚤（*Calanus sinicus*）在春季、冬季为第一优势种，夏季、秋季第一优势种为强壮箭虫（*Sagitta crassa*）。小型浮游动物的优势种小拟哲水蚤（*Paracalanus parvus*）在夏季、秋季为第一优势种，春季、冬季的第一优势种分别为双毛纺锤水蚤（*Acartia bifilosa*）和强额拟哲水蚤（*Paracalanus crassirostris*）。由于拟长腹剑水蚤（*Oithona similis*）分别在春季、夏季、秋季3个季节成为第二优势种，所以其也属于主要的优势种之一。

表6-3　1999年浮游动物优势种季节变化

浮游动物	季节	优势种
大型	春	中华哲水蚤（*Calanus sinicus*）
		墨氏胸刺水蚤（*Centropages mcmurrichi*）
	夏	强壮箭虫（*Sagitta crassa*）
		锡兰和平水母（*Eirene ceylonensis*）
	秋	强壮箭虫（*Sagitta crassa*）
		中华哲水蚤（*Calanus sinicus*）
	冬	中华哲水蚤（*Calanus sinicus*）
		墨氏胸刺水蚤（*Centropages mcmurrichi*）
小型	春	双毛纺锤水蚤（*Acartia bifilosa*）
		拟长腹剑水蚤（*Oithona similis*）
	夏	小拟哲水蚤（*Paracalanus parvus*）
		拟长腹剑水蚤（*Oithona similis*）
	秋	小拟哲水蚤（*Paracalanus parvus*）
		拟长腹剑水蚤（*Oithona similis*）
	冬	强额拟哲水蚤（*Paracalanus crassirostris*）
		双毛纺锤水蚤（*Acartia bifilosa*）

1999—2013年，调查海域浮游动物优势种的年际交替变化明显（表6-4）。按照年度优势种的出现频率来看，大型浮游动物的优势种依次为强壮箭虫、中华哲水蚤、薮枝水母和腹针胸刺水蚤（*Centropages abdominalis*），近年来腹针胸刺水蚤和双毛纺锤水蚤分别代替强壮箭虫和拟长腹剑水蚤成为大型浮游动物优势种。小型浮游动物的优势种为小拟哲水蚤、拟长腹剑水蚤、双毛纺锤水蚤和短角长腹剑水蚤（*Oithona brevicornis*），第一优势种始终为小拟哲水蚤，第二优势种逐渐由拟长腹剑水蚤过渡到双毛纺锤水蚤。

调查海域浮游动物多样性指数呈夏高、秋低的特点。夏季大型浮游动物多样性指数为1.74，秋季为1.15。夏季小型浮游动物多样性指数为2.40，秋

表6-4 夏季浮游动物优势种年际变化

	优势种	1999年	2000年	2001年	2002年	2003年	2004年	2005年	2006年	2007年	2008年	2009年	2010年	2011年	2012年	2013年
大型	强壮箭虫	▲	▲	▲	▲	▲	▲	▲	▲		▲	▲	▲			
	中华哲水蚤	▲					▲					▲	▲		▲	▲
	侧腕水母		▲													
	薮枝水母				▲	▲		▲	▲							
	腹针胸刺水蚤										▲			▲	▲	▲
	太平洋纺锤水蚤													▲		
小型	长尾类幼虫			▲												
	小拟哲水蚤	▲	▲	▲	▲	▲	▲		▲	▲	▲	▲	▲	▲	▲	▲
	拟长腹剑水蚤	▲	▲	▲		▲	▲	▲					▲			
	双毛纺锤水蚤				▲					▲	▲	▲		▲	▲	▲
	短角长腹剑水蚤							▲	▲							

注：▲为优势种的出现。

55

季为 1.23（图 6 – 11）。

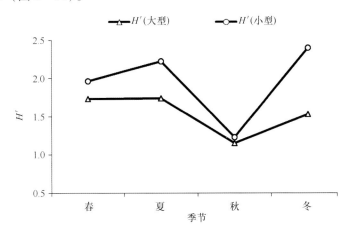

图 6 – 11　1999 年浮游动物多样性指数季节变化

调查海域浮游动物多样性指数年际变化总体呈升高趋势，平均值为 1.95，变化范围为 1.58 ~ 2.35，年际间的波动显著（图 6 – 12）。

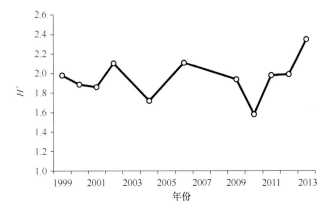

图 6 – 12　夏季浮游动物多样性指数年际变化

二、丰度

调查海域大、小型浮游动物总个体丰度季节变化明显，而且小型浮游动物一般高于大型浮游动物 1 ~ 3 个数量级（图 6 – 13）。大浮游动物的丰度平均值为 211.5 ind./m³，以春季最高（396 ind./m³，波动范围 64 ~ 795 ind./m³），秋季最低（40 ind./m³，波动范围 9 ~ 131 ind./m³）。小型浮游动物的丰度平均值 10 714.5 ind./m³，也是春季最高（21 253 ind./m³，波动范围 95 ~ 116 813 ind./m³），冬季最低（3 597 ind./m³，波动范围 216 ~ 8 475 ind./m³）。

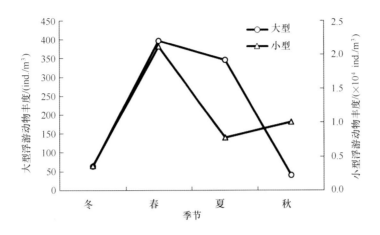

图 6 – 13　1999 年浮游动物丰度季节变化

　　浮游动物空间分布具有明显的季节变化特征。春季大型浮游动物高密集区出现在大蒲河口外 5 ~ 15 m 等深海域，平均栖息密度超过 800 ind. /m³，此外滦河口外 10 m 等深海域也较高；夏季高密集区出现在新开口外 10 ~ 20 m 等深海域，滦河口外海域密度 5 ~ 15 m 等深海域为低密区；秋季丰度明显下降，近岸 5 ~ 10 m 等深海域为低密区，平均密度接近 15 ind. /m³；冬季丰度有所增加，在新开口近岸及大蒲河口外 10 ~ 15 m 以深海域均出现了两个高密度分布区（图 6 – 14）。

　　小型浮游动物空间分布特征与大型浮游动物相似，滦河口近岸海域为低密区。春季高密集区出现在大蒲河口外 5 ~ 10 m 等深海域，平均栖息密度超过 40 000 ind. /m³，滦河口外海域形成低密区，平均栖息密度小于 5 000 ind. /m³；夏季高密集区出现在大蒲河口和滦河口外 10 ~ 20 m 等深海域，近岸海域密度为低密区；秋季丰度下降，但在新开口外 10 ~ 20 m 等深海域形成高密区，平均密度高于 16 000 ind. /m³；冬季丰度进一步下降，高密区和低密区复杂交错，趋于碎片化（图 6 – 15）。

　　1999—2013 年，调查海域 8 月浮游动物丰度的呈现出周期性变化的特点（$t_{0.1}$ = − 1. 237），丰度的峰值和谷值交替出现（图 6 – 16）。大型浮游动物总丰度出现过 3 次高峰，分别为 2002 年（717 ind. /m³）、2006 年（571 ind. /m³）和 2011 年（23 134 ind. /m³），小型浮游动物总丰度出现过 3 次高峰，分别为 2001 年（7 821 ind. /m³）、2005 年（21 544 ind. /m³）和 2011 年（30 225 ind. /m³）。

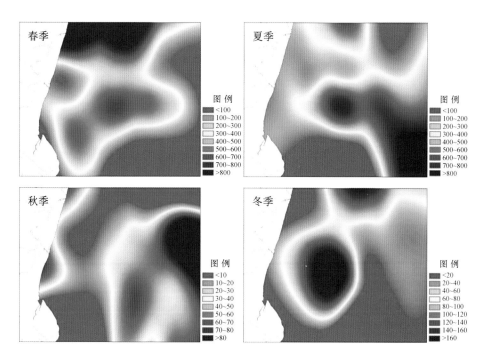

图 6 – 14　1999 年大型浮游动物丰度平面分布（ind. ／m³）

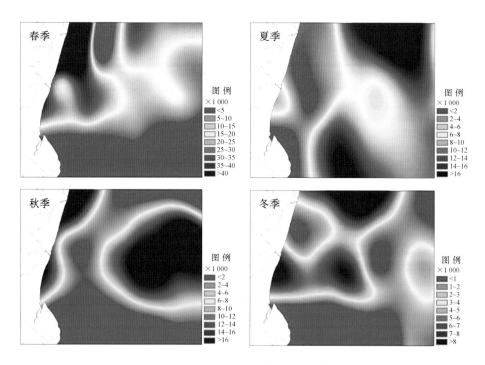

图 6 – 15　1999 年小型浮游动物丰度平面分布（ind. ／m³）

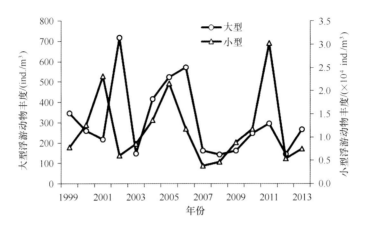

图 6 – 16   夏季浮游动物丰度年际变化

三、生物量

调查海域浮游动物总生物量较高，季节变化明显（图 6 – 17）。4 个季节平均值为 464 mg/m³，夏季最高（1 459 mg/m³），春、秋季次之，分别为223 mg/m³ 和 105 mg/m³，冬季生物量最低（68 mg/m³）。总生物量的季节变化实际上受控于主要种类季节变化综合的结果，春季中华哲水蚤的生物量占优势，夏季由强壮箭虫和锡兰和平水母所控制，这三者生物季节组成差异直接导致总生物量的改变。

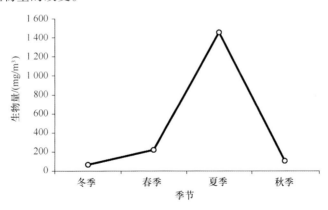

图 6 – 17   1999 年浮游动物生物量季节变化

在调查海域，浮游动物生物量的平面分布呈块状分布，并无明显的季节变化规律（图 6 – 18）。冬季生物量分布较均匀，大部分水域生物量均维持在50 mg/m³ 以上的水平，在新开口外 5～15 m 等深海域出现了大于 100 mg/m³ 的高生物量区，这主要由强壮箭虫和中华哲水蚤密集爆发所致，在大蒲河口及其东南部出现小范围低生物量区（小于 25 mg/m³）。春季生物量有所增加，250～500 mg/m³ 密度区出现在大部分水域，东南部水域出现小范围高生物量区（大于 500 mg/m³），低生物量区（小于 100 mg/m³）出现在新开口和东北部区域，中华哲水蚤和腹针胸刺水蚤起主导作用。夏季生物量剧增，大部分水域生物量都大于 500 mg/m³，1 000～2 500 mg/m³ 高生物量区出现在中部，并且在东南部水域出现小范围大于 5 000 mg/m³ 高度密集区，这主要由锡兰和平水母在 03 站大量密集所致，小于 500 mg/m³ 低生物量区出现在大蒲河口。秋季生物量有明显下降，大部分水域生物量都为 50～100 mg/m³，仅在新开口出现小范围大于 200 mg/m³ 高生物量。

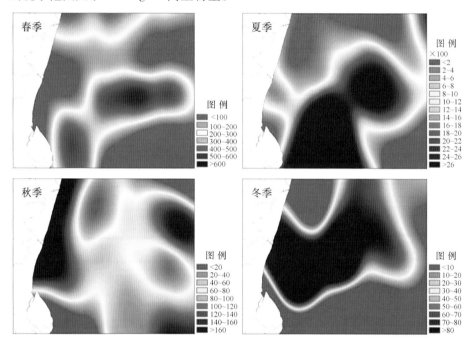

图 6 - 18　1999 年浮游动物生物量平面分布（mg/m³）

1999—2013 年，调查海域 8 月浮游动物总生物量呈下降的趋势（$t_{0.1}$ = 5.248 9），调查初期波动十分剧烈。1999 年总生物量为 1 459 mg/m³，2001 年下降至 159 mg/m³，降幅为 89%，2002 年则再次达到峰值 2 142 mg/m³，2003 年又再次降至谷底（47 mg/m³），此后年际变化趋于平稳。浮游动物总生物量年际变化受控于水母类和强壮箭虫的丰度变化（图 6 - 19）。

四、水母类

1999 年以来，调查海域共采集到水母类 23 种，其中水螅水母 22 种，栉

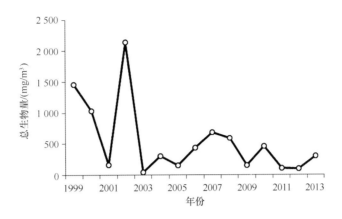

图 6 - 19　夏季浮游动物总生物量年际变化

水母 1 种。种类数量年际间的波动十分明显，且具有周期变化的特点。2010 年最高，为 11 种，2001 年最低，仅为两种。1999—2006 年水母类种类数高峰和低谷每年交替出现，而 2006 年之后这种交替频率有所减缓（图 6 - 20）。

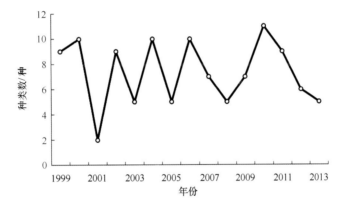

图 6 - 20　夏季水母类种类数年际变化

薮枝水母（*Obelia* spp.）为调查海域的第一优势种，在 15 年的监测中有 12 年形成了优势，成为优势种的概率为 80%。此外，锡兰和平水母（*Eirene ceylonensis*）、真囊水母（*Euphysora bigelowi*）也分别在三个年度形成优势。水母类优势种还呈现出明显的年际更替现象，1999 年锡兰和平水母为主要优势种，该种丰度为 37 ind./m^3，占本年度水母类总丰度 63%；2000 年的优势种更替为球形侧腕水母（*Pleurobrachia globosa*），该种丰度为 60 ind./m^3，占本年丰度 61%；2001 年水母种类数目最少，优势种为薮枝水母，之后 2002 年薮枝水母暴发，总丰度为 461 ind./m^3，占本年度水母类总丰度 87%，形成绝对优势。此后数年薮枝水母一直在水母类群中成为第一优势种，仅 2009 年和

61

2011 年的第一优势种分别更替为小介穗水母（*Podocoryne minima*）和真囊水母（表 6 - 5）。

1999—2005 年，调查海域水母类总丰度的波动剧烈，1999 年为 59 ind./m³，2000 年有所增加，但 2001 年突然下降至 9 ind./m³；2002 年由于薮枝水母大量暴发，导致水母类总丰度再次达峰值 527 ind./m³，占大型浮游动物总丰度的 74%；2005 年之后，丰度开始缓慢下降，并于 2008 年降至 5 ind./m³，2009 年以后水母类丰度变化趋于平稳，且低于监测初期平均水平（图 6 - 21）。

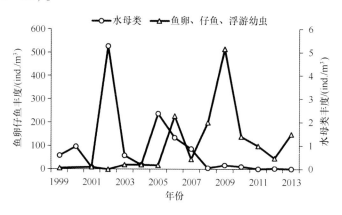

图 6 - 21　夏季水母类、鱼卵、仔鱼和浮游幼虫丰度年际变化

1999—2005 年水母类数量高，该时期鱼卵、仔鱼和浮游幼虫的密度却很低，而 2006 年之后两者的种群数量关系则正好相反，具有明显的此消彼长的关系。水母类从食物网中汲取了大量的能量，导致由浮游植物—甲壳动物—鱼类等高营养级传递的能量减少，与鱼类竞争食物；另外，水母类捕食大量的鱼卵及幼体，致使鱼类资源补充数量严重减少[26]，产量下降[27]，生态系统的经济价值降低[28]。水母数量的增加已经造成黑海凤尾鱼和地中海鲱鱼资源量的锐减[29]。由于水母类的生态效率高[30]、食物量大[31]、食性杂[32]，会导致食物网中能量流动和物质循环的路径变短和崩溃[33]，并对海洋生态系统平衡造成严重破坏[34]。国际上诸如黑海[35]、地中海[36]、墨西哥湾[37]、西南非洲西海岸[38]、日本沿海[39]等国家和地区均发生过水母类生物异常增加（jellyfish - bloom）的现象。

表 6 – 5　夏季水母类优势种年际变化

优势种	1999年	2000年	2001年	2002年	2003年	2004年	2005年	2006年	2007年	2009年	2010年	2011年	2012年	2013年
薮枝水母	▲		▲	▲	▲	▲	▲	▲	▲		▲		▲	▲
真囊水母				▲		▲				▲		▲		
小介穗水母										▲			▲	
锡兰和平水母	▲				▲		▲							
四枝管水母								▲	▲					▲
球形侧腕水母		▲												
瘦尾胸刺水母			▲											
双手外肋水母											▲			
束状高手水母												▲		

注：▲为优势种的出现。

63

第三节　底栖动物

一、种类组成

1999—2013 年，调查海域共采集到大型底栖动物 11 纲 245 种。其中，多毛类 106 种，甲壳动物 60 种，软体动物 57 种，棘皮动物 13 种，腕足动物 2 种，腔肠动物 2 种，脊索动物 3 种、涟虫动物 1 种、纽形动物 1 种、星虫动物 1 种、鱼类 1 种。多毛类、甲壳类和软体动物的种类数占比最大，分别为 43%、24% 和 23%。

2010 年 3 个季节共采集到大型底栖动物 105 种，其中多毛类 65 种，甲壳动物 17 种，软体动物 14 种，棘皮动物 6 种，腕足动物 1、头索动物、纽形动物各 1 种。秋季种类数量最高（66 种），夏季次之（61 种），春季最低（55 种）。各季节中多毛类的种类数最多，所占比例均超过 60%（图 6-22）。

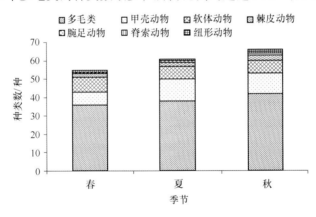

图 6-22　2010 年底栖动物种类数季节变化

1999—2013 年，底栖动物种类年均数量约 62 种，波动范围在年均 47～78 种，其中 2013 年种类数量最高，2011 年最低。各年度的种类组成中，多毛类、甲壳动物和软体动物的种类数量最多，上述生物类群为调查海域底栖生物的主要类群。1999—2012 年种类数量呈下降趋势，但在 2013 年陡然升高（图 6-23）。

调查海域的优势种为青岛文昌鱼（*Branchiostoma belcheri tsingtauense*）、哈氏美人虾（*Callianassa harmandi*）、西方似蛰虫（*Amaena occidentalis*）、日本拟背尾水虱（*Paranthura japonica*）和裸盲蟹（*Typhlocarcinus villosus*）等，近

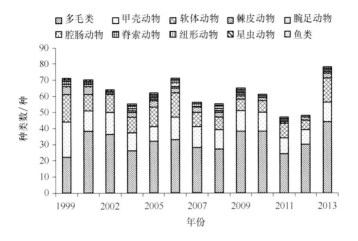

图 6 - 23 夏季底栖动物种类数量年际变化

年来优势种逐渐由文昌鱼过渡为甲壳类种类。1999—2002 年，调查海域砂质环境中青岛文昌鱼占绝对优势，泥质环境中丝异引虫（*Heteromastus filiformis*）和不倒翁虫（*Sternaspis scutata*）等多毛类占优势；2004—2007 年，文昌鱼数量急剧减少，但仍为砂质环境的中的优势种，个别年度哈氏美人虾占优势，泥质环境中优势种为寻氏肌蛤（*Musculus senhousei*）、凸壳肌蛤（*Musculus senhousei*）、脆壳理蛤（*Theora fragilis*）、虹光亮樱蛤（*Moerella iridescens*）等软体动物；2008—2013 年，砂质环境中文昌鱼数量急剧下降，已难再形成优势，而泥质环境中日本角吻沙蚕（*Goniada japonica*）等多毛类及裸盲蟹（*Typhlocarcinus villosus*）等甲壳动物成为优势种（表 6 - 6）。

底栖动物多样性指数季节特征显著，秋季较高（2.72），春季较低（2.13），周年平均值为 2.42（图 6 - 24）。

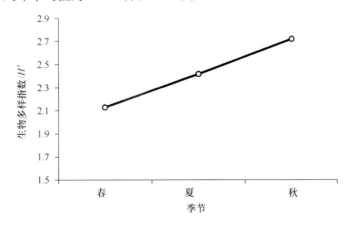

图 6 - 24 2010 年底栖动物多样性指数季节变化

表 6－6 夏季底栖动物优势种年际变化

优 势 种	1999 年	2000 年	2001 年	2002 年	2004 年	2005 年	2006 年	2007 年	2008 年	2009 年	2010 年	2011 年	2012 年	2013 年
文昌鱼	▲	▲	▲	▲	▲	▲	▲	▲					▲	
异引虫	▲													
不倒翁虫			▲	▲										
双栉虫														▲
日本角吻沙蚕											▲			
西方似蛰虫							▲							
凸壳肌蛤										▲				
脆壳理蛤								▲						
寻氏肌蛤												▲		
古明圆蛤									▲			▲		
裸盲蟹														
绒毛细足蟹									▲					
肥壮巴豆蟹						▲								
哈氏美人虾					▲					▲	▲	▲	▲	▲
日本美人虾														
日本拟背尾水虱		▲												
鸭嘴海豆芽					▲									

注：▲为优势种的出现。

1999—2013 年底栖动物生物多样性指数波动的波动范围为 1.83 ~ 2.75，平均值为 2.4。2001 年和 2013 年生物多样性指数较高，2011 年指数最低，往往在低值出现后的第三年，多样性指数达到高峰。如 1999 年和 2001 年，2007 年和 2009 年，2011 年和 2013 年（图 6 - 25）。

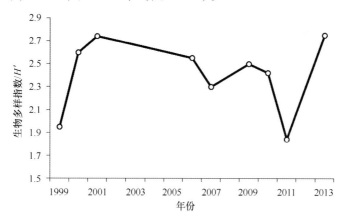

图 6 - 25　夏季底栖动物生物多样性指数变化趋势

二、栖息密度

调查海域底栖动物栖息密度秋季最高（173 ind./m²），夏季较低（92 ind./m²），周年平均值为 133 ind./m²（图 6 - 26）。

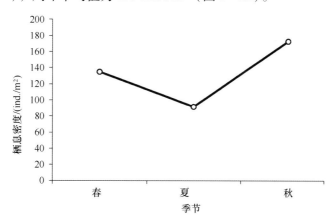

图 6 - 26　2010 年底栖动物栖息密度季节变化

底栖动物栖息密度平面分布具有明显的季节特点，且各季节分布极不均匀（图 6 - 27）。春、夏两季大部分海域栖息密度较低，高密区仅分布在滦河口外 5 ~ 20 m 等深区域。秋季高密区转移到了新开口近岸海域，整个海域高密区和低密区呈碎片化交错分布。

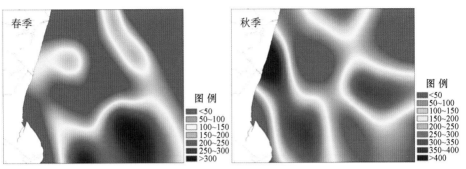

图 6 – 27　2010 年底栖动物栖息密度平面分布（ind./m²）

1999—2013 年，调查海域夏季底栖动物栖息密度总体呈下降趋势（$t_{0.1} = 3.520\ 3$）。从 2000 年开始底栖动物栖息密度开始升高，2001 年首次达到峰值（1 122 ind./m²），是由底栖动物优势种文昌鱼密度增加所致。2006 年由于寻氏肌蛤（*Museulus senhousei* Benson）异常增多，导致底栖动物栖息密度升高（1 197 ind./m²）。2002—2010 年，文昌鱼种群数量明显下降，底栖动物密度也随之下降。2010 年之后底栖生物种群密度略有回升（图 6 – 28）。

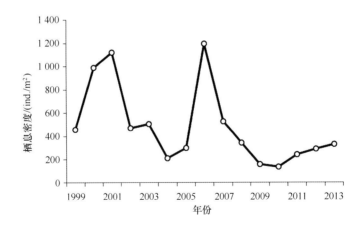

图 6 – 28　夏季底栖动物栖息密度年际变化

三、生物量

调查海域底栖动物生物量和栖息密度的季节变化特征相似，秋季高（23.5 g/m²），夏季低（7.5 g/m²），周年平均值为 13.5 g/m²（图 6 – 29）。

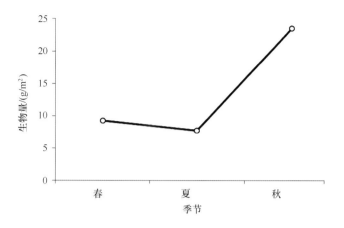

图 6 - 29 2010 年底栖动物生物量季节变化

底栖动物生物量的季节分布特征与栖息密度相似,春、夏两季各有 3 个独立的高值区(图 6 30)。

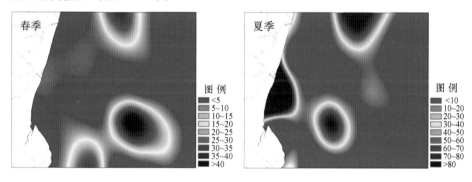

图 6 - 30 2010 年底栖动物生物量平面分布(g/m²)

1999—2013 年,调查海域夏季底栖动物生物量总体呈现出周期变化的趋势($t_{0.1} = 1.562\ 8$)。在调查期间共出现了 3 次高峰,分别为 2000 年(101 g/m²)、2007 年(122 g/m²)和 2013 年(88 g/m²)。2000 年达到峰值,是由于底栖动物优势种菲律宾蛤仔和文昌鱼的生物量高所致;2007 年由于寻氏肌蛤异常增多,导致底栖动物生物量升高;2013 年菲律宾蛤仔生物量高,导致生物量升高(图 6 - 31)。

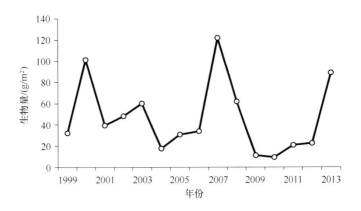

图 6 - 31　夏季底栖动物生物量年际变化

第四节　潮间带生物

一、种类组成

1999—2013 年，共采集到潮间带生物 60 种，其中多毛类、甲壳类和软体动物的种类数量多，分别为 20 种、19 种和 17 种，三者合计约占总种类的96%。此外，还包括滩涂鱼类 2 种以及腕足动物和纽形动物各 1 种。

潮间带生物种类数量季节差异显著，冬季最高（22 种），春季次之（15种），夏季和秋季较低，分别为 7 种和 9 种。各季节中，多毛类、甲壳动物和软体动物比例高，春季、夏季潮间带甲壳类种类数量超过了 40%；秋季、冬季多毛类种类数量均超过 50%（图 6 - 32）。

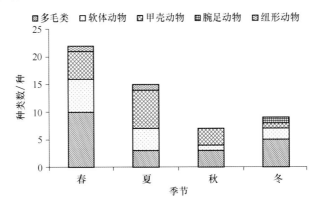

图 6 - 32　1999 年潮间带生物种类数季节变化

1999—2013 年，8 月潮间带生物种类数量呈明显的下降趋势。1999 年最高（35 种），2013 年最低（2 种）。多毛类、软体动物、甲壳动物在各年度种类组成中所占比例最多（图 6 - 33）。

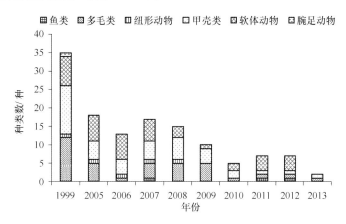

图 6 - 33　夏季潮间带生物种类数量年际变化

调查海域潮间带生物的优势种主要以多毛类、甲壳动物和软体动物种类为主。而且优势种变化具有明显的季节特征，春季优势种为圆球股窗蟹（*Scopimera globosa*）、文蛤（*Meretrix meretrix* L.）；夏季为痕掌沙蟹（*Ocypode stimpsoni*）、长吻沙蚕（*Glycera chiroriIzuka*）；秋季为哈氏美人虾（*Callianassa harmard*）、饼干镜蛤（*Dosinia biscocta*）；冬季为文蛤、日本刺沙蚕（*Nereis japonica*）。

从年际变化来看，长趾股窗蟹、圆球股窗蟹和日本刺沙蚕形成优势的次数最多；日本美人虾（*Callianassa petalura*）和哈氏美人虾在 2008 年之后再未形成优势。近年来，甲壳类的长趾股窗蟹和多毛类类日本刺沙蚕逐渐成为该海域潮间带的主要优势种（表 6 - 7）。

表 6 - 7　潮间带优势种年际变化

优 势 种		1999 年	2005 年	2006 年	2007 年	2008 年	2009 年	2010 年	2011 年	2012 年	2013 年
甲壳类	痕掌沙蟹	▲									
	长趾股窗蟹						▲		▲		▲
	圆球股窗蟹			▲	▲	▲					
	日本大眼蟹										
	日本美人虾			▲							
	哈氏美人虾		▲		▲						

续表

优势种		1999年	2005年	2006年	2007年	2008年	2009年	2010年	2011年	2012年	2013年
软体动物	托氏昌螺								▲	▲	
	菲律宾蛤仔		▲								
多毛类	长吻吻沙蚕	▲				▲					
	日本刺沙蚕							▲		▲	▲

注：▲为优势种的出现。

二、栖息密度

潮间带监测断面的生物栖息密度季节变化差异较大，基本呈现出春季高，夏秋季低的特点（图6-34）。由于B、C、E断面为海水浴场，夏季受人类活动影响，潮间带生物产生了规避和迁移行为，导致生物密度骤降，而且生物重新回归栖息地也有一个滞后和再适应的过程，因此秋季生物密度也较低。

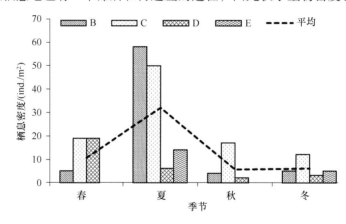

图6-34 1999年潮间带底栖生物栖息密度季节变化

1999—2013年，8月潮间带的生物栖息密度总体呈下降趋势（图6-35）。从各断面的年际变化来看，由于D断面远离海水浴场，该断面的底栖生物密度较高。

三、生物量

潮间带各监测断面的生物量季节变化基本呈现出春季高、夏秋季低的特点，与栖息密度的季节变化趋势相似（图6-36）。

8月潮间带生物量的年际变化呈下降趋势，与栖息密度年变化相似（图6-37）。1999年至今，除2012年生物量有所回升外，2013年再次降至谷底，平均生物量为 0.22 g/m^2。

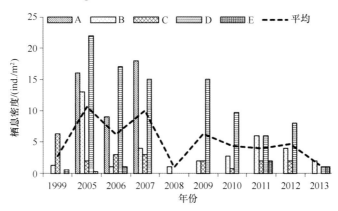

图 6-35 夏季潮间带底栖生物栖息密度年际变化

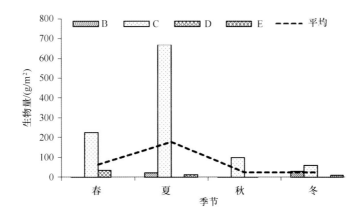

图 6-36 1999 年潮间带底栖生物生物量季节变化

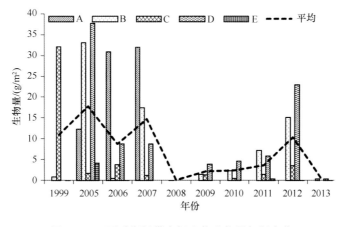

图 6-37 夏季潮间带底栖生物生物量年际变化

第五节　文昌鱼

　　文昌鱼为国家二级保护动物，是保护区内主要保护对象（图6－38）。本海区分布的文昌鱼为鳃口文昌鱼属的青岛文昌鱼亚种（*Branchiostoma belcheri tsingtauens*）。保护区所在地滦河口海域是我国文昌鱼的重要分布区之一[40]。

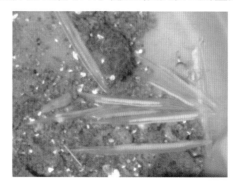

图6－38　滦河口青岛文昌鱼

一、年龄

1. 年龄结构

　　由于鱼类个体生长过程中，每相隔一年其平均长度和体重会相差一级，因此以文昌鱼体长作为横坐标，各长度的个体数占总数的百分比作为纵坐标，制成体频率分布的直方图[41]，图中各高峰代表着一个年龄组，每个高峰的体长范围即代表该年龄组的个体体长（图6－39）。

　　2007年和2008年的5月，两个航次共捕获文昌鱼635尾，峰值分别出现在体长12 mm、24 mm、38 mm、46 mm的区域。5月该区域各年龄体长应为：Ⅰ龄个体体长为12～14 mm，Ⅱ龄个体体长为22～28 mm，Ⅲ龄个体体长为36～38 mm，Ⅳ龄个体体长为44～46 mm。

　　2007年和2008年的8月，两个航次共捕获文昌鱼771尾，峰值分别出现在体长6 mm、20～22 mm、38 mm的区域。8月该区域各年龄体长应为：Ⅰ龄个体体长为10～12 mm，Ⅱ龄个体体长为20～28 mm，Ⅲ龄个体体长为36～38 mm，Ⅳ龄个体体长为44～46 mm。

　　8月，在调查海域内捕获了大量体长为4～6 mm的文昌鱼标本；5月体长为10～12 mm的样本数量比例很大。根据吴贤汉等的研究显示[42]，青岛文昌

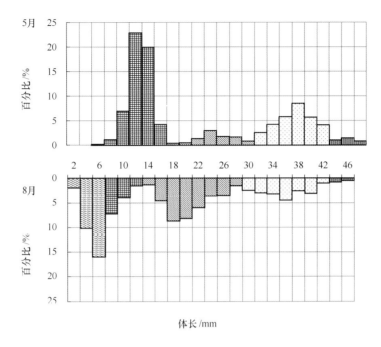

图 6-39　2007 年和 2008 年的 5 月、8 月文昌鱼体长频率直方图

鱼每年的 6 月开始繁殖，到 9 月中旬文昌鱼幼体的平均体长可达 5 mm；一年后体长达到 15 mm。而滦河口文昌鱼当年孵化的幼体在 8 月末的平均体长达 4.7 mm，至翌年的 5 月末，这些幼体逐渐生长至 10 ~ 12 mm，并于 8 月大量补充到 II 龄文昌鱼群体。同时，冯季芳等[43]认为厦门文昌鱼的浮游幼体在体长为 5 mm 左右已经开始陆续转为潜砂生活。因此，保护区 8 月出现的大量体长范围为 4 ~ 6 mm 的文昌鱼应属当年孵化出的幼体（图 6-39）。

历史研究结果表明，青岛海域青岛文昌鱼 I 龄个体平均体长为 12 ~ 15 mm，II 龄为 24 ~ 27 mm，III 龄为 33 ~ 37 mm，IV 龄可达 44 ~ 46 mm，最长体长纪录为 58 mm，可能已达 VI 龄[44]。本次调查发现，保护区文昌鱼 I 龄个体平均体长为 10 ~ 14 mm，II 龄为 20 ~ 28 mm，III 龄为 36 ~ 38 mm，IV 龄可达 44 ~ 46 mm，最长体长为 47.5 mm。通过对比，两个海域的文昌鱼年龄结构与体长的分布比较接近。由于文昌鱼 IV 龄体长可达 43 mm 左右，而且之后生长速度较为缓慢，因此，在数据统计过程中，V 龄或 V 龄以上的文昌鱼都落在 IV 龄峰值区之内。

生物学有效积温会影响文昌鱼的发育和生长速度。在适宜范围内，温度越高生长和发育就越快[45,46]，昌黎保护区海域水温较同期青岛低，海域内文昌鱼生长相对较慢，同龄个体的体长要小于青岛海域的文昌鱼。

通过对 1999—2012 年同一个季节（8 月）文昌鱼年龄结构的分析，在

2001 年、2007 年和 2008 年采到大量的Ⅰ龄个体，其余年份Ⅱ龄个体的数量较低，多数年份Ⅱ龄个体占优势，2004 年、2005 年和 2011 年文昌鱼种群中Ⅲ龄个体占优势，并呈上升趋势，年龄结构异常；2007 年和 2008 年Ⅰ龄个体占优势，2009 年、2010 年和 2012 年Ⅱ龄个体数占优势，种群结构趋于正常，但 2013 年仅采集到Ⅲ龄个体（图 6 – 40）。

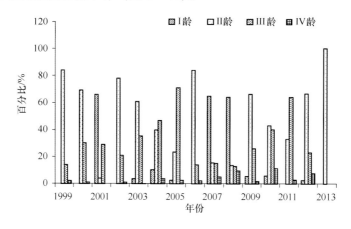

图 6 – 40　文昌鱼年龄结构年际变化趋势

2. 繁殖与生长

2007—2008 年 8 月，滦河口文昌鱼Ⅰ龄与Ⅱ龄个体的年平均生长长度、生长速度相同，Ⅲ龄略高，Ⅳ龄最低。说明，滦河口文昌鱼孵化后，能够保持 3 年的稳定生长速度，而年老的文昌鱼生长速度最慢（表 6 – 8）。

表 6 – 8　滦河口文昌鱼年平均生长长度和生长速度

年龄	体长范围 /mm	年均生长长度 /mm	月均生长速度 /（mm/month）
Ⅰ龄	10 ~ 12	11	0.92
Ⅱ龄	20 ~ 28	13	1.08
Ⅲ龄	36 ~ 38	13	1.08
Ⅳ龄	44 ~ 46	8	0.67

6 月保护区文昌鱼即逐渐进入繁殖期，当年孵化的文昌鱼幼体在孵化后的 2 ~ 3 个月内生长速度最快，每月接近 2 ~ 2.5 mm，8 月可采集到大量体长为 4 ~ 6 mm 的当年孵化的文昌鱼幼体。

8 月滦河口文昌鱼种群中体长为 44 mm 以上的个体比例较 5 月明显下降，

这可能是繁殖季节过后部分产卵的文昌鱼自然死亡，从而导致 44 mm 以上文昌鱼个体在种群中所占的比例降低。

二、体长与体重

线性回归分析结果表明，文昌鱼体长与体重正相关，呈指数增长关系（图 6 - 41）。

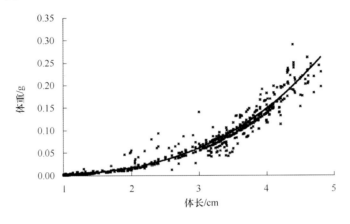

图 6 - 41　文昌鱼体长与体重关系

2007 年和 2008 年 5 月、8 月的文昌鱼体长与体重的关系方程为 $W = 0.0015L^{3.32}$。而 4 个航次文昌鱼体长与体重的方程式分别为 $W = 0.0016L^{3.25}$、$W = 0.0014L^{3.35}$、$W = 0.0016L^{3.22}$、$W = 0.0012L^{3.5}$。2007 年和 2008 年 5 月的条件指数 a 均为 0.0016，条件指数 b 分别为 3.25 和 3.22，说明 2007 年 5 月相比 2008 年同期生长快，其原因可能是 2007 年 5 月平均水温（16.36℃）高于 2008 年 5 月同期温度（14.83℃）所致。

三、食性

文昌鱼为滤食性动物，通过对厦门和湛江海域文昌鱼食性的调查发现，其胃含物中均以浮游性硅藻为主[47]，辅以少量的浮游动物幼体和有机碎屑[48,49]。在保护区Ⅳ龄文昌鱼标本的胃含物中共检测到 11 种硅藻类：圆筛藻（Coscinodiscus spp.）、相似曲舟藻（Pleurosigmia affine）、美丽曲舟藻（Pleurosigmia formosum）、浮动湾角藻（Eucampia zoodiacus）、双壁藻（Diploneis sp.）、蜂腰双壁藻（Diploneis bombus）、窄隙角毛藻（Chaetoceros affinis）、角毛藻（Chaetoceros sp.）、地中海指管藻（Dactyliosolen mediterraneus）、具槽直链藻（Melosira sulcata）、辐裥藻（Actinoptychus sp.）。在上述种类中，圆筛藻、相似曲舟藻、美丽曲舟藻、辐裥藻为单细胞硅藻，其余种类为链状硅藻；

双壁藻、蜂腰双壁藻为底栖种类，浮动湾角藻、角毛藻、窄隙角毛藻、地中海指管藻为浮游种类，其余种类为近岸底栖种类混入表层水体中[50]。文昌鱼的胃含物中的各类藻类细胞均处于不同消化阶段，可见这些藻类均可被文昌鱼消化，是文昌鱼的饵料生物。

胃含物内圆筛藻细胞数量的比例最高（54.4%），它可能是文昌鱼的主要饵料生物，但由于圆筛藻的硅质细胞壁较厚，消化这些藻类可能需要很长的时间，所以胃含物中所占比例最高；相似曲舟藻和具槽直链藻为文昌鱼胃含物中的主要藻类，所占比例分别为 28.7% 和 6.3%（图 6-42）。虽然窄隙角毛藻等角毛藻类在胃含物中比例并不高，但观察到的细胞均不完整，由于角毛藻细胞壁薄易于消化，因而胃含物中比例较低，同步浮游植物群落调查表明，窄细角毛藻、威氏窄细角毛藻、日本角毛藻、冕孢角毛藻等角毛藻属浮游植物均为文昌鱼分布区的优势种，分别占总细胞数的 28.3%、22.0%、5.3% 和 5.3%，角毛藻很可能是文昌鱼的主要饵料。

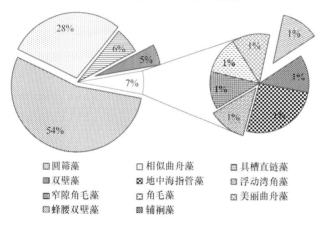

图 6-42　胃含物内不同藻类细胞数量所占比例（%）

经测量，文昌鱼胃含物中单细胞藻类最大直径为 500 μm，而海区同步浮游植物调查结果显示，浮动弯角藻的链长可达 1 mm，由此可见青岛文昌鱼可进食粒径约为 1 mm 以下的硅藻饵料，辅以底栖硅藻、浮游动物幼体和有机碎屑有机碎屑。

四、栖息地

通过对文昌鱼分布数量较高的站位进行底质类型分析发现，其栖息地以砂质类型为主，而且聚类分析结果显示，文昌鱼种群数量与沉积物中粒径为 0.063～0.5 mm 砂质组分密切相关（图 6-43）。马明辉等[62] 的研究结果也表明，滦河口文昌鱼主要分布在以细中砂和中细砂为主的底质环境中，其中

0.063～0.5 mm 粒径组分含量占 70%～90%。1999—2013 年的昌黎保护区文昌
鱼种群分布数量与 0.063～0.5 mm 粒径组分百分含量的关系也表明，在文昌鱼
分布的沉积环境中 0.063～0.5 mm 的粒径组分含量多数超过 70%（图 6-44）。

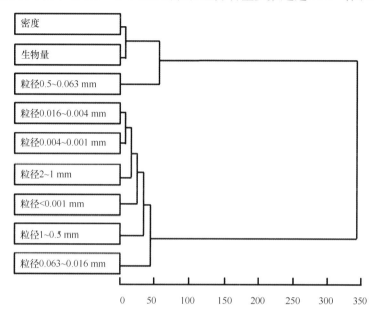

图 6-43 沉积物粒度与文昌鱼密度聚类分析结果

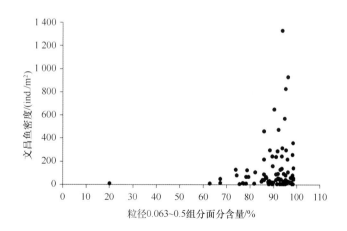

图 6-44 文昌鱼分布数量与 0.063～0.5 mm 粒径组分的关系

图 6-45 为 2000 年以来沉积物中 0.063～0.5 mm 的粒径组分含量变化趋
势。2000 年监测区域内绝大部分区域 0.5～0.063 mm 砂含量超过 80%，高于
90% 的区域位于 5～15 m 等深线之间，为文昌鱼的集中分布区；2004 年监测
区域该组分含量高于 80% 的区域范围明显缩小，0.5～0.063 mm 砂含量明显

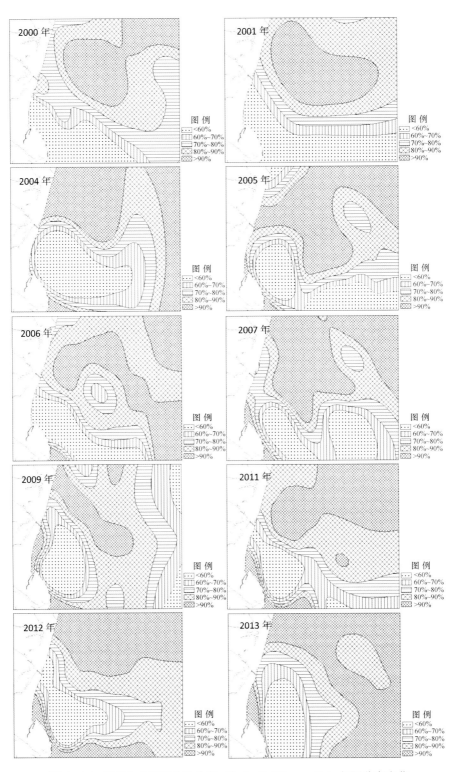

图 6 - 45   沉积物主要组分砂含量（0.5 ~ 0.063 mm,%）年际分布变化

降低，含量超过90%的区域已经移向大蒲河口很小的范围内；2005年该组分的含量较2004年有所增加，含量在80%以上的区域有所扩大；2006年0.5～0.063 mm砂含量超过90%的区域范围较2005年缩小，适于文昌鱼栖息地沉积类型生境区域缩小和进一步破碎；2007年该组分含量高于90%的区域范围较2006年有所扩大，主要向大蒲河口外的区域扩展，文昌鱼的适宜分布区也向该区域转移；2008年、2009年该组分含量高于90%的区域范围进一步缩小，2010—2013年该组分主要集中于新开口与大蒲河口之间近岸海域，同时该组分的低含量区在新开口及滦河口近岸不断扩大。

五、种群数量

调查海域文昌鱼栖息密度和生物量季节变化如图6–46所示。春季、秋季栖息密度高，夏季低；秋季生物量最高，其次春季，夏季最低。

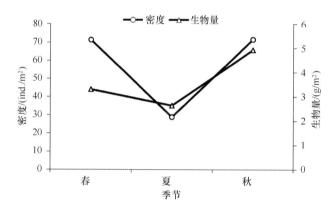

图6–46　2010年文昌鱼栖息密度和生物量的季节变化

1999—2013年8月份文昌鱼的栖息密度和生物量变化趋势如图6–47所示。可见，1999—2001年文昌鱼的栖息密度及生物量逐渐升高；2002—2012年文昌鱼的栖息密度和生物量呈整体下降趋势；2010年文昌鱼的栖息密度和生物量均降至最低值，分别为29 ind./m² 和2.64 g/m²；2011年、2012年略有回升；2013年文昌鱼密度和生物量再次下降至历史最低。

从文昌鱼的平面分布来看，1999—2004年文昌鱼的分布区域是以大蒲河口外17号站与新开口外11号站连线为轴心分布，其中高密度区为11号、10号站。1999—2003年50～100 ind./m² 分布区域基本连为一体，至2004年这一密度分布区已经分裂为3个主要区域，这与栖息地砂含量变化及沉积物类型改变趋势相似，表明文昌鱼的种群因栖息地的改变已经开始退化。2005—2006年近岸两个50～100 ind./m² 分布区消失，文昌鱼分布区向深水区延伸，

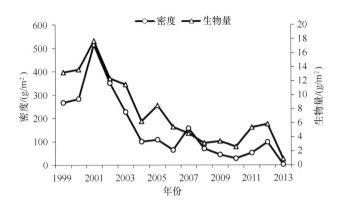

图 6-47　夏季文昌鱼栖息密度及生物量年际变化

2007 年文昌鱼的分布区域有所扩大，2008 年进一步缩减，2009 年和 2010 年近岸区域已经没有文昌鱼分布，仅分布在新开口与大蒲河口外 5 ~ 15 m 等深线海域范围内，2012 年生物量和密度略有回升，但 2013 年仅在核心区中的一个站位采集到文昌鱼（图 6-48）。

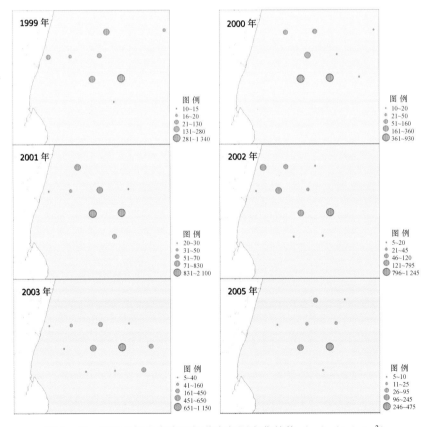

图 6-48　文昌鱼栖息密度空间分布年际变化趋势（一）（ind. /m²）

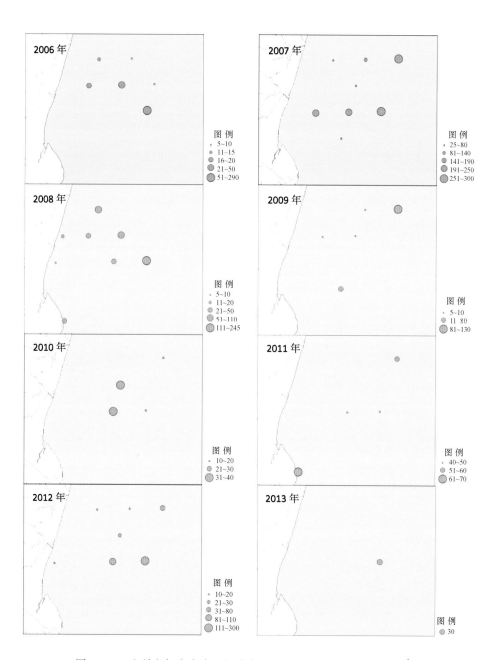

图 6 −48 文昌鱼栖息密度空间分布年际变化趋势（二）（ind./m²）

第七章　生态健康状况

依据《近岸海洋生态健康评价指南》（HY/T 087—2005），对调查海域 2000—2013 年生态健康状况进行评估。结果显示，评估的 10 个年份中仅 2005 年生态健康状况为健康，其余年份为亚健康，生态健康指数总体呈下降趋势（表 7-1 和图 7-1）。

表 7-1　调查海域 8 月生态健康状况年际评价结果

评价指标	生态健康指数								
	2000 年	2005 年	2006 年	2007 年	2008 年	2009 年	2010 年	2012 年	2013 年
水环境指数									
沉积环境指数									
栖息地指数									
生物残毒指数									
生物群落指数									
生态健康指数									

注：　　　　健康　　　　　　亚健康　　　　　　不健康

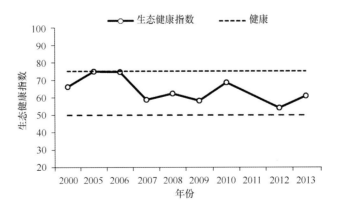

图 7-1　8 月调查海域生态健康指数年际变化

影响区域内海洋生态健康状况的主要参数是栖息地指数和生物群落指数

（表7－1、图7－2和图7－3）。由于栖息地沉积环境中砂的主要组分（粒径0.063～0.5 mm）的含量变化剧烈，导致栖息地指数在2005—2013年始终处于不健康或亚健康状态（表7－1和图7－2）。

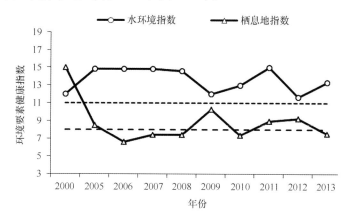

图7－2　8月水环境和栖息地健康指数年际变化

生物群落是影响生态健康状况的另一个重要指标，由于浮游动物和大型底栖动物的栖息密度和生物量显著超出正常波动范围，导致生物群落指标处于不健康或亚健康影响生态健康状况（表7－1和图7－3）。

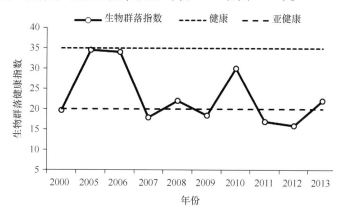

图7－3　8月生物群落健康指数年际变化

区域内水环境指标均处于健康状态。除个别年份，沉积环境和生物残毒指标为亚健康外，上述两项指数均为健康状态（表7－1和图7－4）。

图 7 - 4　8 月沉积环境和生物残毒健康指数年际变化

第八章 保护区建设与管理

第一节 基础设施建设

一、界碑与标识设置

为明确保护区的范围、边界，加强保护区的管理和宣传，对保护区某些区段和景点设置了分界碑、不同功能区区标、解说性标牌、指示性标牌等保护设施（图8-1）。

图8-1 界碑、围栏

1. 界碑

共设界碑400个。界碑分为 10 cm×30 cm×100 cm 和 10 cm×10 cm×80 cm两种规格，钢筋混凝土结构，地下埋藏 50 cm，间距分别为 1 000 m 和 100 m，并注明"昌黎黄金海岸国家级自然保护区"及界碑标号。

2. 区标

在各功能区分界路段设立区标 30 个。区标规格为 20 cm × 150 cm × 300 cm，材料为钢筋混凝土结构，大理石贴面，地下埋藏 100 cm，地上露出 200 cm。区标注明功能区位置、面积、范围，并刻画按比例缩小的功能区图。

3. 宣传牌

在生态旅游区设立宣传指示标牌 50 个。标牌规格为 20 cm × 50 cm × 250 cm，牌面距地面 100 cm，牌面为 50 cm × 50 cm，采用花岗岩或混凝土贴面制作而成。

4. 界标

海域核心区顶点共设置漂浮界标 4 个。

陆域核心区围栏。在陆域核心区设置围栏总长 10 000 m，围栏两端分别向海里延伸 100 m，围栏采用钢筋混凝土现场浇筑的形式建设。

二、实验室建设

为及时、全面掌握保护区环境状况和保护效果，提高科研水平和保护效率，保护区内新建了实验室和气象站，并配备了大量实验仪器和监测设备，基本满足了保护区常规监测工作的需求（图 8 - 2）。

图 8 - 2 实验仪器配套设备

实验室面积约 200 m²，配备 2100 分光光度计、LDZ4 - 1.2 型低速自动平衡离心机、PHS - 3C 型酸度计、Hy - 4 型调速多用振荡器等实验设备 20 余台。实验室目前具备微生物接种、培养及检验，COD、总磷、总氮及叶绿素等指标的实验室测定能力。

自动气象站占地 50 m²，拥有包括便携式风速仪、气象传感器、数据采集器、控制处理器、GPRS 无线传输器等多种气象监测设备，可以进行常规的环境温度、气压、环境湿度、风向、风速、降雨量等气象要素观测。

此外，保护区还购置了 QCC9 - 1 型表层油类分析采水器、沉积物采样器、浅水浮游生物采样网 I 型、II 型、III 型以及采泥器、采水器、绞车、计数器等采样设备,满足了海洋环境监测现场样品采集的需要。

三、科普基地建设

为普及海洋环境保护意识,宣传建立自然保护区的重要性,吸引社会公众参与海洋环境保护,保护区先后建成了影像室、科普博物馆、标本馆和科普园区,被国土资源部、国家海洋局、河北省科技厅确定为科普基地,同时也是中国环境管理干部学院、天津科技大学和河北师范大学的教育基地(图8-3)。

图 8 - 3 科研及科普教育基地

保护区影像室的面积约150 m²,配备了电教设备1套、桌椅50套。通过制作宣教光碟,采用现代科技手段从不同角度展示保护区的动植物资源和海岸风光,增强人们对自然保护区内重点保护对象及其研究价值和重要性的认识(见图8-4)。

科普展馆的建筑面积约1 000 m²,由海洋资源、沙丘资源、湿地资源、防护林资源、生态成就5大块组成,配合高科技声光电系统,将科普展览与科普教育形成知识性与趣味性相结合,科技化与形象感相统一的参观模式。通过先进的技术手段、前卫的展示观念、寓教于乐的互动体验中获得启发并形成了解海洋、保护海洋、热爱海洋的目标。

标本馆的建筑面积约150 m²,馆内的海洋海岸动植物标本从不同角度展示了保护区的自然资源和生物多样性(见图8-5)。

利用科普园培养广大青少年保护海洋、爱护环境、热爱自然的环保意识(见图8-6)。

图 8 - 4　科普馆

图 8 - 5　标本馆

四、办公区建设

保护区通过兴建和扩建原有的工作场所，极大地改善了办公条件，提高了工作效率。至 2011 年，保护区管理处已完成办公区建设，新建成的综合办公楼的面积约 4 000 m^2，增加绿化面积 4 000 m^2、道路硬化面积 1 000 m^2、池塘整治面积 1 000 m^2，同时完成楼房的修葺。2010 年为了更好地开展核心区保护管理工作，管理处在陆域核心区建设了核心区保护站，面积 120 m^2。

图 8 - 6　科普园

2008 年中国海监总队为保护区支队配备了执法艇。为了满足执法艇停靠和执法工作的开展，保护区在昌黎新开口南岸建设了独立的海监执法基地，包括50 m 码头、油库和办公用房（见图 8 - 7）。

图 8 - 7　办公区

第二节　保护区管理

一、管理与保护

　　为了查处和制止保护区内的破坏行为，保护区管理处加强了野外巡护和远程实时监控工作。对区内的整个自然环境资源、生物资源和人文景观，实行全面的保护、分区实施，将核心区作为严格保护区，保持其自然状态，禁止一切人为干扰；实验区可进行适度利用，但必须以不破坏自然环境和保护资源为前提。

野外巡护设备是实施保护管理的基本手段。目前海上核心区内的违规养殖和捕捞事件时有发生，落实海上巡护设施设备是保护区管理的头等大事，已配置海上巡护快艇 1 艘和对讲机（20 km），并装备陆地巡护专用车辆。同时，为保证野外取证和区内外各种资料采集，装备数码摄像机 1 台、配有500 mm 以上长焦距镜头的照相机 1 台、400 万～500 万像素数码相机 1 台、亚米级 GPS 1 台、全站仪 1 台。重点巡护内容为核心区是否受到外来因素的干扰，缓冲区是否起到缓冲外来干扰的作用等。一般区域的巡护重点是保护对象以及设备设施是否正常、在区内开展的活动是否违反管理规章。

保护区建成了包括 12 个前端固定视频监控点和 2 套车船载视频监控设备的远程视频监控系统。管理处办公楼内建设有监控平台，配有液晶监视大屏。监控摄像机安装在 20 m 高铁塔的顶端，点位主要布设在陆域核心区域，监控范围能够覆盖缓冲区和保护区近岸海域，实现了远距离实时监视。目前已经与国家海洋局和河北省海洋局监控平台实现联网（图 8 - 8）。

图 8 - 8　海上巡视及远程监控

为协调保护区的管理与地方的社会经济发展过程中的矛盾，保护区定期召开协商会议，通报各自的发展设想，共同商讨、拟定保护区建设与发展的各项事宜（图 8 - 9）。

二、宣传与教育

为提高公众海洋环境保护意识，引导社区群众积极参加海洋环境保护的行动，保护区利用海洋自然的条件，制作并使用印有保护对象及与保护区相关内容的介绍材料、保护生态环境的警语和要求的参观门票、导游图、纪念册，使游客在进入保护区的第一时间就能对保护区有初步的印象和认识。

图 8-9　保护区管理与协商

保护区管理处通过广播、电视、报纸、杂志或定期发放材料等形式对社区群众进行宣传教育。使公众充分了解当前环境状况及主要威胁，促使人们认识到过度放牧、捕鱼、毁林毁草的严重危害，增强环保法律意识，理解、配合、自觉参与保护区管护行动（图8　10）。

图 8-10　宣传媒介

三、科研与监测

通过开展系统的、有针对性的监测与科学研究，掌握保护对象及其生态环境的变化情况，解决保护管理中面临的实际问题。保护区的科研工作坚持科研与保护管理相结合，科研与资源利用相结合，科研与宣传教育相结合，常规性研究与专题性研究相结合，优先开展有助于科普宣传和基础数据积累的项目。

近年来，管理处与国家海洋环境监测中心、河北省科学院地理研究所、河北师范大学等单位合作完成了"昌黎黄金海岸保护区保护与开发研究"、"海岸地貌形态控制模型及应用"、"旅游沙丘形态控制研究"、"河北省海洋生态监测"、"昌黎黄金海岸国家级自然保护区自然资源保护与合理利用研究"、"昌黎黄金海岸国家级自然保护区保护与管理"、"河北省海洋自然保护

93

区现状与评价"等环境监测和科学研究项目。1998—2001 年间承担并完成了林业部 GEF 基金课题"旅游海滩侵蚀过程及退化机理研究",并且根据国家环境保护部和河北省国土资源厅的要求,由保护区管理处与昌黎县人民政府于 2003 年共同编制完成了《昌黎黄金海岸国家级自然保护区总体规划》(图8－11)。

图 8－11　科研成果

多年来,保护区管理处会同有关部门开展长期的自然资源调查和环境监测工作,积极组织开展了保护区内的生态环境恢复和科学研究活动(图8－12)。

1998 年国家海洋局在河北昌黎黄金海岸国家级自然保护区建立"北方海洋生态站";1999 年将北方海洋生态试点监测列为国家海洋局重点监测项目。1999 年 2 月、5 月、8 月和 11 月对昌黎黄金海岸国家级自然保护区及附近3 000 km^2 的海域进行了 4 个航次的试点监测。通过生态站建设及本年度的试点监测,初步建立了我国海洋生态监测指标体系及监测技术体系,并为生态监测网络的基本单位——生态站的建设提供了较为成功的经验。自 1999 年至今,昌黎黄金海岸国家级自然保护区海洋生态监测一直延续,累积了该区域大量海洋生态环境监测数据,为评价海洋生态系统的变化趋势,识别海洋生

图 8 – 12　海洋生态监测

态问题，研究生态保护对策起到重要作用。

第三节　生态保护与恢复措施建议

一、修复恢复滨海湿地，维护生态稳定平衡

　　七里海已处于潟湖发育晚年期、沼泽化严重，亟待治理恢复。因治理工程浩大，公益性强，投资人介入困难，为此，需将整治工程与建设用地改造捆绑打包为一个整体进行运作，坚持"谁整治、谁开发，谁投入、谁受益"的原则。七里海潟湖环境综合修复主要工程包括：① 环湖围堤工程，保证七里海潟湖面积恢复至低潮位时能够保持 1 m 以上的水深，潟湖重新获得生态功能，并成为黄金海岸自然保护区新的生态旅游景观；② 潮汐通道治理工程，加快潟湖水体交换速度、增大潮流挟沙力，减缓潟湖自然衰退过程；③ 退养还湖工程，潟湖围堤内养殖池塘全部退养还湖，退养还湖面积为 449.5 hm^2，形成面积大于 800 hm^2、水深大于 1.0 m（低潮）潟湖水面；④ 清淤工程，保证湖盆平均清淤 1.5 m。

　　滦河口湿地开发利用改变了湿地类型的原生性，对河口的自然发育过程和输水输沙有重大影响，对河口生物多样性和产卵、育幼、繁殖的低盐区改变明显，对候鸟繁殖迁徙亦有较大干扰。河口湿地的治理包括：① 协调流域水资源分配，增加海洋生态用水量；② 恢复自然植被，恢复河口三角洲荒芜"垦区"自然植被（盐生或沼生植被），使之成为鸟类繁殖地；③ 退养还滩，清退三角洲最外沿的养殖池塘、育苗室等养殖设施，扩大自然滩涂面积，减少人为干扰，逐渐恢复河口生物多样性。

二、建设沿海防护林带，构建绿色安全屏障

影响沿海防护林生态系统稳定健康的主要因素是自然更新能力差、树种结构单一、树龄老化，需有针对性地进行修复和改造。主要工程包括：① 改善树种结构和树龄结构。间伐间种防护林，每年 10 hm²；② 改造约 50% 的疏林地，每年改造面积约 100 hm²；③ 对生态旅游区的宜林地进行造林绿化，年造林绿化面积 20 hm²。

三、推广健康养殖方式，合理利用养殖资源

保护区海域及周边大范围、高密度扇贝养殖是导致文昌鱼栖息环境劣变、栖息密度和生物量降低、年龄结构异常的主要因素，需从减低扇贝养殖对文昌鱼及其栖息环境的影响入手，开展治理工程：① 退养还海。将海域缓冲区内现存的 427 hm² 扇贝养殖用海清退，避免扇贝养殖对保护海域的直接影响；② 控制养殖密度。开展"保护区"周边海域养殖环境容量研究，依据环境容量调控养殖密度、降低养殖环境污染，改善养殖区海水和底质环境质量，减轻养殖活动对保护区海域的影响。

四、发展生态旅游，建立人海和谐关系

保护区旅游产业具有得天独厚的优势，其生态旅游资源丰富、风景秀美、渔业文化久远，游憩价值、观赏价值和体验价值极高。目前，区内旅游开发仍南北旅游资源开发不均衡，大体呈现北强南弱态势，各类生态旅游资源开发不均衡。其中，海岸沙滩得到较好开发利用，而湿地资源、林地资源、民俗资源等均未得到良好利用，资源开发失衡已对"保护区"生态旅游发展带来了消极影响。因此，保护区的生态旅游应将开发区域限定在实验区[51]，以积极保护为前提，资源利用必须服从于自然保护[52]。主要进行科普、环保、探险、自然游憩等生态旅游项目，强调人与自然和谐统一的主题，与自然景观和传统生产生活方式协调[53]，必须有严格的环境容量限制[54]。旅游区域和服务区域必须适度集中，不破坏和影响生态环境，不影响和干扰保护对象和科学实验活动[55]。旅游设施以自然和传统为主，旅游景点开发不破坏原有自然风貌，不进行大规模的修建和整饰[56]。项目的发展应尽量惠及周边社区群众[57]。

1. 功能分区

在保证保护区生态系统完整和生态功能不破坏的前提下，合理开发旅游资源，重新定位和划分不同的功能区，包括新开口渔业观光体验区、七里海

休闲度假区、滦河口湿地观光游览区及生态保育区 4 大生态旅游功能区[58]。

（1）新开口渔业观光体验区

该区位于新开口实验区，依托新开口渔港及周边渔业资源开展以渔业体验为主的观光、休闲活动，打造集中展现渔业文化的生态家园。

（2）七里海生态休闲度假区

该区位于七里海潟湖实验区，依托七里海潟湖得天独厚的生态环境和治理工程形成的高标准生态建设用地，建设低容积率生态休闲度假设施，开发生态休闲度假类旅游产品，打造黄金海岸高尚生态休闲度假区。

（3）滦河口湿地观光游览区

该区位于滦河口湿地实验区，依托滦河口良好的湿地系统环境，珍贵且数目众多的鸟类、水禽资源，开展以观光游览为主的旅游活动，使之成为黄金海岸著名的观鸟胜地。

（4）生态保育区

该区位于"保护区"核心区和缓冲区，以生态环境保育、科学考察为主。

2. 旅游管理

（1）监测资源环境变化、制定应对方案

通过对整个保护区开展生态旅游开发后的资源环境变化状况的监测，评价游客活动方式和资源环境承受能力，确定生态旅游临界容量。如有资源环境恶化情况发生，应立即调整入区游客人数或关闭相应景区。

（2）建立生态旅游数据库

建立生态旅游数据库，逐步积累生态旅游与资源环境的有关资料，完善保护区的生态旅游管理。

（3）编写景区指南，培养高素质导游队伍

策划编写旅游指南和解说词，将生态过程的解释、动植物区系、区域地理、生态系统和景观类型的介绍，保护区基本情况、管理条例、保护区生态意义、经济价值和发展要求等融入其中。培训一批相对稳定、素质较高的导游队伍。

（4）规范游客行为，降低旅游发展的环境压力

通过加强宣传、监督、处罚，强调游客环境责任，要求游客在旅游过程中，按规定路线进行观光，不损害保护区一草一木，不污染环境、不购买保护物种及其产品。同时景区发放专用垃圾袋，鼓励游客带走旅游垃圾，减少旅游废弃物，景区和游览道路沿线设置临时垃圾箱，分类处理有机废物和无机废物并妥善转移或安全储存。

参考文献

［1］ 《河北省昌黎黄金海岸国家级海洋类型自然保护区管理办法修正案》（河北省政府
　　　 ［2010］10 号令）.

［2］ 中国科学院自然区划工作委员会 . 中国综合自然区划 . 北京：科学出版社，1959.

［3］ 王海宁 . 滦河近期入海量分析［J］. 河北水利科技，1999，20（4）：30 – 33.

［4］ 马绍赛，等 . 胶州湾外南沙水域渔业资源与文昌鱼数量调查评估及其栖息环境保护
　　　 ［J］. 海洋水产研究，2003，24（3）：10 – 14.

［5］ 折书群，刘新社，宋峰 . 滦河冲洪积扇生态环境的演变及对策［J］. 资源调查与
　　　 评价，2004，（21）：38 – 41.

［6］ 英爱文，黄国标 . 未来 20 ~ 50 年海滦河流域水资源变化趋势及其预测研究［J］.
　　　 水利学报，1997，（9）：71 – 76.

［7］ 中华人民共和国科学技术委员会海洋组海洋综合调查办公室 . 全国海洋综合调查报
　　　 告（第二册）. 1964.

［8］ 远立国，刘玉河，乔光建 . 滦河口入海沙量锐减对湿地生态环境影响 . 南水北调与
　　　 水利科技，2011，9（4）：109 – 116.

［9］ 2009 年河北省海洋环境质量公报 . 河北省海洋局 . 2010.

［10］ 昌黎七里海生态环境综合整治工程 . 2007.

［11］ 刘爱菊 . 滦河口近海激流成因初探 . 科学技术与工程［J］，2002，2（5）：
　　　 16 – 17.

［12］ 胡镜荣，徐国元 . 昌黎黄金海岸自然保护区功能区分［J］. 海洋类型自然保护区
　　　 专题研究，1995，（4）：16 – 18.

［13］ 傅启龙，沙庆安 . 昌黎海岸风成沙丘的形态与沉积构造特征及其成因初探［J］.
　　　 沉积学报，1994，21（1）：98 – 105.

［14］ 韩晓庆，高伟明，褚玉娟 . 河北省自然状态沙质海岸的侵蚀及预测［J］. 海洋地
　　　 质与第四纪质，2008，28（3）：23 – 28.

［15］ 王敬贵，苏奋振，周成虎，等 . 区位和管理政策对海岸带土地利用变化的影
　　　 响——以昌黎黄金海岸地区为例 . 地理研究，2005. 24（4）：520 – 526.

［16］ 昌黎县旅游局 . 昌黎县“十一五”发展总体规划之专项规划——昌黎县旅游发展
　　　 规划纲要（2006—2010 年）. 2006.

［17］ 中华人民共和国国家质量监督检验检疫总局、中国国家标准化管理委员会.
　　　 GB 17378—2007 海洋监测规范［M］. 北京：中国标准出版社，2007.

［18］ 国家环境保护局，国家技术监督局 . GB 3097—1997 海水水质标准［S］. 北京：

中国标准出版社，1997.

［19］ 国家环境保护局，国家技术监督局．GB 18668—2002 海洋沉积物标准［S］．北京：中国标准出版社，2002.

［20］ 国家环境保护局，国家技术监督局．GB 18421—2001 海洋生物质量标准［S］．北京：中国标准出版社，2001.

［21］ 中华人民共和国农业部、国家水产品质量检验中心．NY 5073—2006 无公害食品水产品中有毒有害物质限量［S］．北京：中国标准出版社，2006.

［22］ Shannon，C. E.，& Weaver，W. The mathematical theory of communication［M］. 1949. Chicago：University of Illinois Press.

［23］ 国家海洋局．HY/T 087 – 2005 近岸海洋生态健康评价指南［M］．北京：中国标准出版社，2005.

［24］ REDFIELD AC, KETCHUM BH, RICHARDS FA. The influence of organisms on the composition of seawater［M］. 1963. In：Hill MN（ed）The Sea，vol 2. New York，Wiley. 26 – 77.

［25］ OLAUSSON E. 1980. Chemistry and biogeochemistry of biogeochemistry of estuaries［M］. New York，JW& S. 14

［26］ Shiganova T. A.，and Bulgakova Yu. V.，2000. Effect of gelatinous plankton on Black Sea of Azov fish and their food resources. *ICES Jour. Mar. Sc.*，57：641 – 648.

［27］ Purcell J. E.，D. A. Nemazie，S. E. Dorsey，E. D. Houde and J. C. Gamble，1994. Predation mortality of bay anchovy *Anchoa mitchilli* eggs and larve due to scyphomedusae and ctenophores in Chesapeak Bay. *Mar. Ecol. Prog. Ser.*，114：47 – 58.

［28］ Purcell J. E.，1997. Pelagic cnidarians and ctenophores as predators：selective predation，feedingrates，and effects on prey populations. *Annales Institut Oceanogr.*，73：125 – 137.

［29］ Moller，H，. 1984b. Reduction of a larval herring population by jellyfish predator. *Science*，224：621 – 622.

［30］ CIEMS，2001. Gelatinous zooplankton outbreaks：theory and practice. CIESM Workshop Series，no 14，112 pages，Monaco.

［31］ Oguz T.，Ducklow H.，Pucell E.，2001. Modeling the response of top down control exerted by gelatinous carnivores on the Black Sea pelagic food web. *Journal of Geographical*，106（C3）：4543 – 4564.

［32］ Purcell J. E.，1992. Effects of predation by the scyphormedusan *Chrysaora quinquecirrha* on zooplankton populations in Chasapeak Bay，USA. *Mar. Ccol. Prog. Ser.*，87：65 – 76.

［33］ Shuskina，E. A.，and Musayeva，E. I.，1983. Role of medusae in plankton community engertics in the Black Sea. *Oceanology*，23（1）：125 – 130.

［34］ Purcell J. E.，1992. Effects of predation by the scyphormedusan *Chrysaora quinquecirrha* on zooplankton populations in Chasapeak Bay，USA. *Mar. Ccol. Prog. Ser.*，87：65 – 76.

［35］ Ahmet Erkan Kideys，1994. Recent dramatic changes in the Black Sea：The reason for the sharp decline in Turkish anchovy fishery. *J. Mar. Systems*，5：171 – 181.

［36］ Vucetic T．，1984. Some cause of the blooms and unusual distribution of the jellyfish Pelagia noctiluca in the Mediterranean（Adriatia）. Unep Workshop on jellyfish blooms in the Mediterranean，Athens，31 October－4 November，pp. 167－176.

［37］ Graham，W. M．，2001. Numerical increases and distributional shifts of *Chrysaora quinquecirrha*（Desor）and *Aurelia aurita*（Linne）（Cnidaria：Scyphozoa）in the northern Gulf of Mexico. *Hydrobiologia* 451：199－212.

［38］ Venter G. E．，1988. Occurrence of jellyfish on the west coast off South West Afica／Namibia. *Rep. S. Afr. Natn. Scient. Programs.*，157：56－61.

［39］ Nakamura Y．，1998. Blooms of tunicates *Oikopleura* spp. and *Dolioletta gegenbauri* in the Seto Inland Sea，Japan，during summer. *Hydrobiologia*，385（1－3）：183－192.

［40］ 闫路娜，左惠凯，曹玉萍. 文昌鱼秦皇岛、青岛和厦门地理种群形态特征的分化［J］. 动物学研究，2005，26（3）：311－313.

［41］ 方永强. 文昌鱼生态习性及其资源的保护［J］. 动物学杂志，1987，22（2）：41－45.

［42］ Liqht. S. F. Amphioxus fishers near the University of Amoy. China. Science. 1923：57－60.

［43］ Chin. T. G. Studies on the biology of Amoy Branchiostoma belcheri Gray. Philippine. J. S. 1941 75（4）：369.

［44］ 金德祥，郭仁强. 厦门的文昌鱼［J］. 动物学报，1953，5（1）：L65－78.

［45］ Pebusque MJ，Coulier F，Birnbaum D，Pontarotti P. 1998. Ancient large－scale genome duplications：Phylogenetic and linkage analyiseshed light on chordate genome evolution［J］. Mol Biol Evol，15（9）：1145－1159.

［46］ Lazzaro D，Price M，de Felice M，et al. The transcription factorTTF－1 is expressed at the onset of thyroid and lung morphogenesisand in rest ricted regions of the foetal brain［J］. Development，1991，113：1093－1104.

［47］ 金德祥. 文昌鱼［M］. 福州：福建人民出版社，1957.

［48］ 张玺，张凤瀛，吴宝铃，等. 中国经济动物志［M］. 北京：科学出版社，1963.

［49］ 颜云榕，卢伙胜，白秀娟，等. 湛江硇洲岛文昌鱼（Branchiostoma belcheri）的食性研究，2010，Marine Sciences. 34（8）／：17－22.

［50］ 金德祥，陈金环，黄凯歌. 中国海洋浮游硅藻类［M］. 上海：上海科学技术出版社，1965. 20－200.

［51］ 范允行. 浙江省自然保护区建设中农民权益保障问题研究［D］. 杭州：浙江林学院硕士学位论文，2008.

［52］ 张海霞，汪宇明. 可持续自然旅游发展的国家公园模式及其启示——以优胜美地国家公园和科里国家公园为例［J］. 经济地理，2010（1）：156－161.

［53］ 赖启福，等. 美国国家公园系统发展及旅游服务研究［J］. 林业经济问题，2009（5）：448－453.

［54］ 庞婷. 风景名胜区治理模式的实证研究——以四川邛崃天台山为例［D］. 成都：

四川师范大学硕士学位论文，2009.

［55］ 贺小群. 重复指定下五大连池风景区经营管理体制研究［D］. 重庆：西南大学硕士学位论，2011.

［56］ 秦天宝. 澳大利亚保护地法律与实践评述［A］. 生态文明与环境资源法——2009年全国环境资源法学研讨会（年会）论文集［C］. 2009：19－22.

［57］ 张朝枝，保继刚. 美国与日本世界遗产地管理案例比较与启示［J］. 世界地理研究，2005（4）：105－112.

［58］ 马吉云. 从外国国家公园制度看我国风景名胜区的保护［D］. 青岛：中国海洋大学硕士学位论文，2006.

附表 1

调查海域浮游植物种类组成

种类	春	夏	秋	冬	生态类型
虹彩圆筛藻 (*Coscinodiscus oculus – iridis* Ehrenberg)	+	+	+	+	广温外洋
辐射圆筛藻 (*Coscinodiscus radiatus* Ehrenberg)	+	+		+	暖水
偏心圆筛藻 (*Coscinodiscus excentricus* Ehrenberg)	+	+		+	暖水
星脐圆筛藻 (*Coscinodiscus asteromphalus* Ehrenberg)	+	+	+	+	广温、外洋
格氏圆筛藻 (*Coscinodiscus granii* Gough)	+	+		+	广温广布
琼氏圆筛藻 [*Coscinodiscus jonesianus* (Grev.) Ostenfeld]	+	+	+	+	暖海近岸
整齐圆筛藻 (*Coscinodiscus concinnus* W. Smith)	+	+	+	+	广温广盐近岸
条纹小环藻 [*Cyclotella sriata* (Kuetz.) Grunow]	+	+		+	广盐沿岸
具槽直链藻 [*Melosira sulcata* (Ehr.) Kuetzing]	+	+	+	+	广温广盐
诺氏海链藻 (*Thalassiosira nordenskioldii* Cleve)	+	+	+	+	偏低温高盐
圆海链藻 (*Thalassiosira rotula* Meunier)	+	+	+	+	温带
丹麦细柱藻 (*Leptocylindrus danicus* Cleve)	+	+		+	广温
地中海指管藻 [*Dactyliosolen mediterraneus* (Perag.) Peragallo]	+	+	+	+	偏暖沿岸
优美施罗藻 (*Schroederella delicatula* Pavillard)			+		偏暖沿岸
中肋骨条藻 [*Skeletonema costatum* (Grev.) Cleve]	+	+	+	+	广温广盐
掌状冠盖藻 (*Stephanopyxis palmeriana* Grunow)	+	+		+	偏暖近岸
塔形冠盖藻 [*Stephanopyxis turris* (Grev. et Arndt) Ralfs]	+	+		+	温带近海
柔弱角毛藻 (*Chaetoceros debilis* Cleve)	+	+		+	近岸北温带
绕孢角毛藻 (*Chaetoceros cinctus* Gran)	+	+		+	近岸南温带
窄隙角毛藻威氏变种 [*Chaetoceros affinis* v. *willei* Hustedt]	+	+		+	广温广布
窄隙角毛藻 (*Chaetoceros affinis* Lauder)	+	+		+	广温近岸
冕孢角毛藻 [*Chaetoceros subsecundus* (Grun.) Hustedt]	+	+	+	+	广温广盐冷水
旋链角毛藻 (*Chaetoceros curvisetus* Cleve)	+	+	+	+	广温沿岸
北方角毛藻 (*Chaetoceros borealis* Bailey)			+		广温外洋

续表

种类	春	夏	秋	冬	生态类型
密联角毛藻［*Chaetoceros densus*（Cleve）］	+	+	+	+	温带外洋广布
爱氏角毛藻（*Chaetoceros eibenii* Grunow）	+	+	+	+	广温沿岸
洛氏角毛藻（*Chaetoceros lorenzianus* Grunow）	+	+	+	+	温热带近岸广布
罗氏角毛藻（*Chaetoceros lauderi* Ralfts）			+		南温带沿岸
并基角毛藻（*Chaetoceros decipiens* Cleve）			+		外洋温带广盐
垂缘角毛藻（*Chaetoceros laciniosus* Schuett）	+	+		+	南温带近岸
太阳双尾藻（*Ditylum sol* Grunow）	+	+	+	+	热带
布氏双尾藻［*Ditylum brightwelli*（West）Grunow］	+	+	+	+	广温、近岸
中华盒形藻（*Biddulphia sinensis* Greville）	+	+	+	+	偏暖、近岸
托氏盒形藻［*Biddulphia tuomeyi*（Bailey）Roper］	+	+		+	暖海沿岸
蜂窝三角藻（*Triceratium favus* Ehrenberg）	+	+		+	广温潮间带
中华半管藻（*Hemiaulus sinensis* Grunow）			+		温热带沿岸
浮动弯角藻（*Hemiaulus zoodiacus* Ehrenberg）	+	+	+	+	广温沿岸
长角弯角藻［*Eucampia cornuta*（Cleve）Grunow］	+	+		+	沿岸暖水
扭鞘藻（*Streptotheca thamesis* Shrubsole）	+	+		+	温带近岸
斯氏根管藻（*Rhizosolenia stolterforthii* Peragallo）			+		广温广盐
脆根管藻（*Rhizosolenia. fragilissima* Bergon）	+	+	+	+	北温亚热沿岸
粗根管藻（*Rhizosolenia robusta* Norman et Ralfs）	+	+	+	+	外洋暖水
刚毛根管藻（*Rhizosolenia setigera* Brightwell）	+	+	+	+	广温广盐沿岸
笔尖型根管藻（*Rhizosolenia styliformas* Brightwell）			+		广温外洋
模式翼根管藻（*Rhizosolenia alata* Brightwell）			+		暖水外洋
翼根管藻印度变种（*Rhizosolenia alata* f. *indica* Hustedt）			+		暖温带
钝棘根管藻半刺变型［*Rhizosolenia hebetata* f. *semispina*（Hensen）Cleve］	+	+		+	暖水外洋
标致星杆藻（*Asteerionella notata* Grunow）	+	+		+	沿岸偏暖
日本星杆藻（*Asteerionella japonica* Cleve）	+	+		+	广温近岸
佛氏海毛藻（*Tharassiothrix frauenfelsii*）			+		外洋广温广布
菱形海浅藻（*Thalassionema nitzschioides*）		+			温带沿岸广布
长菱形藻［*Nitzschia. Longissima*（Breb.）Grunow］	+	+		+	潮间带

续表

种类	春	夏	秋	冬	生态类型
菱形藻（*Nitzschia. sp.*）	+	+		+	广温广布
柔弱菱形藻（*Nitzschia. delicatissima* Cleve）			+		温带沿岸广布
尖刺菱形藻（*Nitzschia pungens*）			+		广温广盐近岸
美丽斜纹藻（*Pleurosigma formosum* W. Smith）	+	+		+	底栖
海洋斜纹藻〔*Pleurosigma pelagicum*（Perag.）Cleve〕	+	+		+	广布
相似（近缘）斜纹藻（*Pleurosigma affine* Grunow）	+	+		+	温带
梭角藻（*Ceratium fusus*）			+		广温广布
三角角藻广盐变种（*Ceratium tripos* v. *subsalsum* Ostenfeld）	+	+	+	+	广温广盐
长角角藻〔*Ceratium longissimum*（Schroder）Kofoid〕	+	+	+	+	广温广布
叉分角藻〔*Ceratium furca*（Ehr.）Claparéde et Lachmann〕	+	+	+	+	沿岸广布
短角角藻（*Ceratium breve* Schroder）	+	+		+	广暖性
纤细角藻（*Ceratium tenue* Jorgensen）	+	+		+	暖海外洋
锥形多甲藻〔*Peridinium conicum*（Gran）Ostenfeld et Schmidt〕			+		广温广布
扁形多甲藻（*Protoperidincum depressum*）			+		广温
膝沟藻（*Gonyaulax* sp.）	+	+		+	广温广布
亚历山大藻（*Alexanxdrium* sp.）	+	+		+	广温广布
夜光藻（*Noctiluca scintillans* Kofoid et Swezy）	+	+	+	+	广温
四角网骨藻（*Dictyocha fibula* Ehrenberg）	+	+			近岸低盐

附表2

调查海域浮游动物种类组成

种类	冬季	春季	夏季	秋季	生态类型
纤毛虫类					
巴拿马网纹虫（*Favella panomensis*）	+				暖温带低盐
水螅水母类					
八斑芮氏水母（*Rathkea octopunctata*）		+			低温低盐
真囊水母（*Euphysora bigelowi* Maas）		+			广温低盐
日本长管水母（*Sarsia nipponica*）			+		近岸低盐
小介穗水母（*Podocoryne minima*）		+	+		广温低盐
首要高手水母［*Bougainvillia principis*（Steenstrup）］			+		近岸低盐
束状高手水母（*Bougainvillia ramosa* Van Beneden）		+	+		近岸低盐
不列颠高手水母（*Bougainvillia britannica* Forbes）			+		近岸低盐
卡玛拉水母（*Malagazzia carolinae*）			+		近岸低盐
盘形美螅水母（*Campanularia discoida*）			+	+	广温低盐
嵊山秀氏水母（*Sugiura chengshanense*）		+	+		广温低盐
锡兰和平水母（*Eirene cylonensis* Browne）			+		广温低盐
四手触丝水母（*Lovenella assimilis*）			+		广温低盐
烟台异手水母（*Varitentacula yantiaensis*）					近岸低盐
四枝管水母（*Proboscidactyla flavicirrata*）			+	+	近岸低盐
薮枝水母（*Obelia* spp.）			+		广温低盐
栉水母类					近岸低盐
球形侧腕水母（*Pleurobrachia globosa*）				+	近岸低盐
枝角类					
鸟喙尖头溞（*Penlia avirostris*）			+		近岸低盐
桡足类					近岸低盐
中华哲水蚤（*Calanus sinicus*）	+	+	+	+	近岸低盐
真刺唇角水蚤（*Labidooera enchaeta* Giesbrech）	+	+	+	+	近岸低盐
双刺唇角水蚤（*Labidocera bipinnata*）		+	+	+	近岸低盐

续表

种类	冬季	春季	夏季	秋季	生态类型
汤氏长足水蚤（*Calanopia thompsoni* A. Scott）			+	+	近岸低盐
长足水蚤			+		近岸低盐
腹针胸刺水蚤（*Centropages abdominalis*）	+	+		+	近岸低盐
瘦尾胸刺水蚤（*Centropages tenuiremis*）			+		近岸低盐
太平洋真宽水蚤（*Eurytemora pacific*）		+		+	近岸低盐
瘦尾简角水蚤（*Pontellopsis tenuicauda*）			+		近岸低盐
海洋伪镖水蚤（*Pseudodiaptomus marinus*）			+		近岸低盐
小拟哲水蚤（*Paracalanus Parvus*）	+	+	+	+	近岸低盐
强额拟哲水蚤（*Paracalanus crassirostris*）	+	+	+	+	河口内湾低盐
双毛纺锤水蚤（*Acartia bifilosa*）	+	+	+		近岸低盐
太平洋纺锤水蚤（*Acartia pacifica*）			+		近岸低盐
钳形歪水蚤（*Tortanusforcipatus*）			+		近岸低盐
拟长腹剑水蚤（*Oithona similis*）	+	+	+	+	暖温带低盐
短角长腹剑水蚤（*Oithona brevicornis*）	+	+	+	+	近岸低盐
近缘大眼剑水蚤（*Corycaeus affinis*）	+	+	+	+	近岸低盐
小毛猛水蚤（*Microsetella norvegica*）	+			+	
糠虾类					
长额刺糠虾（*Acanthomysis logirostris*）		+			近岸低盐
日本新糠虾（*Neomysis japonica*）	+				近岸低盐
小红糠虾（*Erythrop sminuta*）				+	近岸低盐
涟虫类					
三叶针尾涟虫（*Diastylis tricincta*）	+				高盐低温
毛颚类					
强壮箭虫（*Sagitta crassa*）	+	+	+	+	近岸低盐
被囊类					
异体住囊虫（*Oikopleura dioica*）			+	+	近岸低盐
浮游幼虫					
长尾类幼虫（*Macruran larva*）		+	+	+	
短尾类幼虫（*Brachyuran larva*）		+	+	+	

续表

种类	冬季	春季	夏季	秋季	生态类型
磁蟹蚤状幼虫（*Porcellana larva*）			+		
阿利玛幼虫（*Alima larva*）			+		
蔓足类幼虫（*Circalyptopis larva*）			+	+	
多毛类幼虫（*Polychaeta larva*）		+	+	+	
辐轮幼虫（*Actinotrocha larva*）			+		
长腕幼虫（*Ophiopluteus larva*）			+	+	
双壳类幼虫（*Lamellibranchiata larva*）			+		
腹足类幼虫（*Gastropoda larva*）			+		
鱼卵		+			
仔鱼		+	+		

附表 3

调查海域底栖动物种类组成

序号	分类				种名	拉丁名
	门	纲	目	科		
1			口足目	虾蛄科	口虾蛄	*Squilla oratoria*
2			围胸目	藤壶科	白脊藤壶	*Balanus albicostatus*
3			等足目	浪漂水虱科	日本浪漂水虱	*Cirolan japonica*
4					平尾棒鞭水虱	*Cleantis planicauda*
5				水虱科	俄勒冈球水虱	*Gnorimosphaeroma oregonensis*
6				圆柱水虱科	哈氏圆柱水虱	*Cirolana harfordi*
7					日本圆柱水虱	*Cirolana japonensis*
8			端足目	合眼钩虾科	极地蚤钩虾	*Pontocrates altamarimus*
9					凹板钩虾	*Caviplaxus* sp.
10					滩拟猛钩虾	*Harpiniopsis vadiculus Hyeayama*
11				双眼钩虾科	短角双眼钩虾	*Ampelisca brevicornis*
12					日本沙钩虾	*Byblis japonicus*
13	节肢动物	甲壳纲		英高虫科	日本拟背尾水虱	*Paranthura japonica*
14				美钩虾科	潮间海钩虾	*Pontogeneia litlorea Ren*
15				光洁钩虾科	弹钩虾	*Orchomene* sp.
16				双眼钩虾科	双眼钩虾	*Ampelisca* sp.
17				沙蚤钩虾科	板跳钩虾	*Orchestia platensis*
18			十足目	管须蟹科	日本冠鞭蟹	*Lophomastix japonica*
19				豆蟹科	肥壮巴豆蟹	*Pinnixa tumida*
20					霍氏三强蟹	*Tritodynamia horvathi*
21					蓝氏三强蟹	*T. rathbunae*
22					豆形短眼蟹	*Xenophthalmus pinnotheroides*
23				方蟹科	绒螯近方蟹	*Hemigrapsus penicillatus*
24					天津厚蟹	*Helice tientsinensis*
25					巴氏无齿蟹	*Acmaeopleura balssi*
26				关公蟹科	日本关公蟹	*Dorippe japonica*
27				馒头蟹科	红线黎明蟹	*Matuta planipes*
28					中华虎头蟹	*Orithyia siinica*
29				沙蟹科	宽身大眼蟹	*Macrophthalmus dilatatus*
30					长趾股窗蟹	*Scopimera longidactyla*
31					痕掌沙蟹	*Ocypoda stimponi*

108

续表

序号	分类				种名	拉丁名
	门	纲	目	科		
32	节肢动物	甲壳纲	十足目	沙蟹科	圆球股窗蟹	*Scopimera globosa*
33					日本大眼蟹	*Macrophthalmus japonicus*
34				梭子蟹科	日本蟳	*Charybdis japonica*
35					三疣梭子蟹	*Portunus trituberculatus*
36				蛙蟹科	小蛙蟹	*Ranilia* sp.
37					东方小蛙蟹	*Ranilia orientalis*
38				玉蟹科	豆形拳蟹	*Philyra pisum*
39				长脚蟹科	裸盲蟹	*Typhlocarcinus nudus*
40					隆线强蟹	*Eucrate crenata*
41				蜘蛛蟹科	四齿矶蟹	*Pugettia quadridens*
42				鼓虾科	日本鼓虾	*Alpheus japonicus*
43				匙指虾科	中华新米虾	*Neocaridina denticulata sinensis*
44				玻璃虾科	细螯虾	*Leptochela gracilis*
45				鼓虾科	短脊鼓虾	*Upogebia carinicauda*
46				藻虾科	疣背宽额虾	*Latreutes planirostris*
47				褐虾科	圆腹褐虾	*Crangou cassiope*
48				樱虾科	日本毛虾	*Acetes japonicus Kishinouye*
49				对虾科	鹰爪虾	*Trachypenaeus curvirostris*
50				长眼虾科	东方长眼虾	*Ogyrides orientalis*
51				瓷蟹科	绒毛细足蟹	*Raphidopus ciliatus*
52				活额寄居蟹科	艾氏活额寄居蟹	*Diogenes edwardsii*
53					活额寄居蟹	*Diogenes* sp.
54				寄居蟹科	大寄居蟹	*Pagurus ochotensis*
55					长指寄居蟹	*Pagurus dubius*
56				蝼蛄虾科	大蝼蛄虾	*Upogebie major*
57				美人虾科	哈氏美人虾	*Callianassa harmandi*
58				美人虾科	日本美人虾	*Callianassa japonicanica*
59			糠虾目	糠虾科	黑褐新糠虾	*Neomysis awatschensis*
60			涟虫目	针尾涟虫科	三叶针尾涟虫	*Diastylis tricincta*
61	环节动物	多毛纲	不倒翁虫目	不倒翁虫科	不倒翁虫	*Sternaspis scutata*
62			海蛹目	海蛹科	阿曼吉虫	*Armanadia* sp.
63					角海蛹	*Ophelina acuminata*
64					日本臭海蛹	*Travisia japonica*

续表

序号	分类				种名	拉丁名
	门	纲	目	科		
65	环节动物	多毛纲	海蛹目	海蛹科	紫臭海蛹	*Travisia pupa*
66					黏海蛹	*Ophelia cf. limacina*
67			海稚虫目	海稚虫科	矮小稚齿虫	*Prionospio pygmaea*
68					后指虫	*Laonice cirrata*
69					昆士兰稚齿虫	*Prionospio queenslandica*
70					鳞腹沟虫	*Scolelepis squamata*
71					马丁海稚虫	*Martinotiella occidentalis*
72					膜质才女虫	*Pseudopolydora kempi*
73					难定才女虫	*Polydora cf. pilikia*
74					锥稚虫	*Aonides oxycephala*
75				丝鳃虫科	丝鳃虫	*Cirratulus cirratus*
76					细丝鳃虫	*Cirratulus filiformis*
77					刚鳃虫	*Chaetozone setosa*
78					须鳃虫	*Chaetozone tentaculata*
79					多丝独毛虫	*Tharyx multifilis*
80				杂毛虫科	蛇杂毛虫	*Poecilochaetus serpens*
81					杂毛虫	*Poceilochaetus* sp.
82				长手沙蚕科	尖叶长手沙蚕	*Magelona cincta*
83					日本长手沙蚕	*Magelona japonica*
84			矶沙蚕目	矶沙蚕科	岩虫	*Marphysa sanguinea*
85				欧努菲虫科	欧努菲虫	*Onuphis eremita*
86					智利巢沙蚕	*Diopatra chilienis*
87				索沙蚕科	索沙蚕	*Lumbrineridae*
88					短叶索沙蚕	*Lumbrineris latreilli*
89					长叶索沙蚕	*Lumbriconereis debilis*
90			海稚虫目	磷虫科	磷虫	*Chaetopterus variopedatus*
91			欧文虫目	欧文虫科	欧文虫	*Owenia fnsformis*
92			叶须虫目	齿吻沙蚕科	囊叶齿吻沙蚕	*Nephtys caeca*
93			扇毛虫目	扇毛虫科	海扇虫	*Pherusa* sp.
94			仙女虫目	仙女虫科	含糊拟刺虫	*Linopherus ambigua*
95			小头虫目	节节虫科	缩头节节虫	*Maldane sarsi*
96					相拟节虫	*Praxillella cf. affinis*
97					拟节虫	*Prxillella* sp.

续表

序号	分类				种名	拉丁名
	门	纲	目	科		
98				节节虫科	持真节虫	*Euclymene annandalei*
99					带质征节虫	*Nicomache personata*
100			小头虫目		曲强真节虫	*Euclymene lombricoides*
101				沙蠋科	巴西沙蠋	*Arenicola brasiliensis*
102				小头虫科	小头虫	*Cepitella capitata*
103					异蚓虫	*Heteromastus filiformis*
104					背蚓虫	*Notomastus latericeus*
105				白毛虫科	深钩毛虫	*Sigambra bassi*
106				齿吻沙蚕科	多鳃齿吻沙蚕	*Nephtys polybranchiaSouthern*
107					加州卷吻沙蚕	*Nephtys californiensis*
108					中华内卷齿蚕	*Aglaophamus sinenisi*
109				多鳞虫科	覆瓦哈鳞虫	*Harmothoe imbricata*
110					渤海格鳞虫	*Gattyana pohaiensis*
111					软背鳞虫	*Lepidohotus helotypus*
112				海女虫科	小健足虫	*Micropodarke dubia*
113	环节动物	多毛纲		角吻沙蚕科	寡节甘吻沙蚕	*Glycinde gurjanovae*
114					日本角吻沙蚕	*Goniada japonica*
115				裂虫科	球裂虫	*Sphaerosyllis* sp.
116			叶须虫目		似环横裂虫	*Typosyllis armillaris*
117				鳞沙蚕科	澳洲鳞沙蚕	*Amphrodita australis*
118				沙蚕科	日本刺沙蚕	*Neanthes japonica*
119					长须沙蚕	*Nereis longior*
120					双齿围沙蚕	*Perinereis aibuhitensis*
121				特须虫科	拟特须虫	*Paralacydonia paradoxa*
122				吻沙蚕科	长吻吻沙蚕	*Glycera chirori*
123				锡鳞虫科	日本强鳞虫	*Sthenolepis japonica*
124					褐镰毛鳞虫	*Sthentais fusca*
125					亚洲锡鳞虫	*Sigalion asiatica*
126				叶须虫科	玛叶须虫	*Phyllodoce malmgreni*
127					乳突半突虫	*Phyllodoce papillosa*
128					张氏神须虫	*Mystatchangsii*
129					中华半突虫	*Phyllodoce chinensis*
130					管围巧言虫	*Eumida tubiformis*

序号	分类				种名	拉丁名
	门	纲	目	科		
131			叶须虫目	叶须虫科	巧言虫	*Eulalia virides*
132					长双须虫	*Eteone longa*
133					双带巧言虫	*E. bilineata*
134			异毛目	异毛虫科	异毛虫	*Allotricha curdsi*
135			缨鳃虫目	缨鳃虫科	尖刺缨虫	*P. cf. acuminata*
136					胶管虫	*Myxicola infundibulum*
137					缨鳃虫	*Terbellides stroemii*
138					结节刺缨虫	*Potamilla torelli*
139			蛰龙介虫目	笔帽虫科	日本双边帽虫	*Amphictene japonica*
140					那不勒斯膜帽虫	*Lagis neapolitana Claparede*
141				毛鳃虫科	吻蛰虫	*artacama proboscidae*
142					西方似蛰虫	*Amaeana occidentalis*
143					琴蛰虫	*Lanice conchilega*
144					长鳃树蛰虫	*Pista brevibranchia*
145	环节动物	多毛纲			蛰龙介	*Terebellidae*
146					埃氏蛰龙介	*Terebella ehrenbergi*
147					梳鳃虫	*Terebellides striemii*
148					扁蛰虫	*Loimia medusa*
149					丛生树蛰虫	*Pista fasciata*
150					黄海埃刺梳鳃虫	*Ehlersileanira izuensis*
151					树蛰虫	*Pista cristat*
152				双栉虫科	等栉虫	*Isolda pulchella*
153					米列虫	*Melinna cristata*
154					扁鳃扇栉虫	*Amphicteis scophrobranchiata*
155					双栉虫	*Ampharete acutifrons*
156					副栉虫	*Paramphicteis gunneri*
157					羽鳃栉虫	*Schistocumus hiltoni*
158					颈栉虫	*Auchenoplax crinita*
159					扇栉虫	*Ampharete sp.*
160				蛰龙介科	太平洋树蛰虫	*Pista pacific*
161					烟树蛰虫	*P. typha Grube*
162				帚毛虫科	锥毛似帚毛虫	*Lygdmis giardi*
163			锥头虫目	异毛虫科	独指虫	*Aricidea fragilis*

续表

序号	分类				种名	拉丁名
	门	纲	目	科		
164	环节动物	多毛纲	锥头虫目	锥头虫科	尖锥虫	*Scoloplos armiger*
165					长锥虫	*Haploscoloplos elongates*
166					矛毛虫	*Phylo ornatus*
167	软体动物	腹足纲	原始腹足目	马蹄螺科	托氏昌螺	*Umbonium olivacea*
168			中腹足目	玉螺科	玉螺	*Natica* sp.
169					扁玉螺	*Neverita didyma*
170					广大扁玉螺	*Natica reiniana*
171			头盾目	露齿螺科	耳口露齿螺	*Kingicula doliaris*
172				阿地螺科	泥螺	*Bullacta exarata*
173				壳蛞蝓科	经氏壳蛞蝓	*Philine kinglipini*
174			狭舌目	织纹螺科	织纹螺	*Nassarius* sp.
175					不洁织纹螺	*Nassarius spurcus*
176				蛾螺科	蛾螺	*Buccinium* sp.
177					水泡蛾螺	*Buccinium undatum*
178				骨螺科	脉红螺	*Rapana venosa*
179				衲螺科	白带三角口螺	*Trigonaphera bocageana*
180					金刚螺	*Sydaphera spengleriana*
181		双壳纲	珍珠贝目	扇贝科	海湾扇贝	*Argopecten irradians*
182		双壳纲	海螂目	篮蛤科	雅异蓝蛤	*Anisocorbula venusta*
183					光滑河蓝蛤	*Potamocorbula laevis*
184			蚶目	蚶科	魁蚶	*Scapharca broughtonii*
185					毛蚶	*S. Subcrenata*
186					对称拟蚶	*Arcopsis symmetrica*
187					褐蚶	*Didimacar tenebrica*
188			帘蛤目	蛏科	缢蛏	*Sinonovacula constrzcta*
189				棱蛤科	纹斑棱蛤	*Trapezium liratum*
190				刀蛏科	薄荚蛏	*Siliqua pulchella*
191				蛤蜊科	鸟喙小脆蛤	*Raetellops pulchella*
192					中国蛤蜊	*Mactra chinensis*
193					四角蛤蜊	*Mactra veneriformis*
194				拉沙蛤科	豆形凯利蛤	*Kellia porculus*
195				帘蛤科	日本镜蛤	*Dosinia japonica*

续表

序号	分类				种名	拉丁名
	门	纲	目	科		
196	软体动物	双壳纲	帘蛤目	帘蛤科	菲律宾蛤仔	*Ruditapes philippniensis*
197					青蛤	*Cyclina sinensis*
198					凸镜蛤	*Dosinia derupta*
199					薄壳镜蛤	*Dosinia corrugata*
200					文蛤	*Meretrix meretrix*
201				鸟蛤科	滑顶薄壳鸟蛤	*Fulvia mutica*
202				蹄蛤科	灰双齿蛤	*Felaniella usta*
203					古明圆蛤	*Cycladicama cumingi*
204				双带蛤科	脆壳理蛤	*Theora fragilis*
205				樱蛤科	红明樱蛤	*Moerella rutila*
206					虹光亮樱蛤	*Moerella iridescens*
207					彩虹明樱蛤	*Moerella iridescens*
208					异白樱蛤	*Macoma incongrua*
209					扁角樱蛤	*Angulus compressissimus*
210				竹蛏科	长竹蛏	*Solen gouldii*
211					大竹蛏	*Solen Grandis*
212					细长竹蛏	*Solen gracilis*
213				紫云蛤科	紫彩血蛤	*Nuttallia olivacea*
214					沙栖蛤	*Psammobiidae Fleming*
215			笋螂目	色雷西蛤科	金星蝶铰蛤	*Trigonothracia jinxingae*
216				鸭嘴蛤科	扭转鸭嘴蛤	*Laternula flexuosa*
217					鸭嘴蛤	*Laternula anatina*
218			贻贝目	贻贝科	脆壳肌蛤	*Musculus perfragilis*
219				贻贝科	长偏顶蛤	*Modiolus elongatus*
220					紫贻贝	*Mytilus edulis*
221					凸壳肌蛤	*Musculus senhousei*
222		头足纲	八腕目	蛸科	短蛸	*Octopus ocellatus*
223	螠虫动物	螠纲	无管螠目	刺螠科	单环刺螠	*Urechis unicinctus*
224	腕足动物	无关节纲	无穴目	海豆芽科	鸭嘴海豆芽	*Lingula anatina*
225					海豆芽	*Lingula Bruguire*
226	纽形动物	无针纲			纽虫	*Nemertea sp.*

续表

序号	分类				种名	拉丁名
	门	纲	目	科		
227	腔肠动物	珊瑚虫纲	海鳃目	沙箸科	海仙人掌	*Cavernularia obesa*
228			海葵目	海葵科	黄海葵	*Anthopleura xanthogrammica*
229	棘皮动物	海星纲	显带目	砂海星科	虾夷砂海星	*Luidia yesoensis*
230					砂海星	*Luidea*
231		蛇尾纲	真蛇尾目	阳遂足科	日本倍棘蛇尾	*Amphipholis japonicus*
232					滩栖阳遂足	*Amphiura vadicula*
233				辐蛇尾科	近辐蛇尾	*Ophioactis affinis*
234			唇蛇尾目	真蛇尾科	金氏真蛇尾	*Ophiura kinbergi*
235					司氏盖蛇尾	*Stegophiura sladeni*
236		海参纲	枝手目	瓜参科	沙鸡子	*Phyllophorus sp.*
237			芋参目	芋参科	海地瓜	*Acaudina molpadioidea*
238			无足目	锚海参科	棘刺锚参	*Protankyra bidentata*
239		海胆纲	拱齿目	球海胆科	光棘球海胆	*Stongylocentrotus nudus*
240				刻肋海胆科	哈氏刻肋海胆	*Temnopleurus hardwichii*
241			全雕目	豆海胆科	尖豆海胆	*Fibularia acuta*
242	尾索动物	海鞘纲	侧性目	瘤海鞘科	柄海鞘	*Styela clava*
243			内性目	玻璃海鞘科	玻璃海鞘	*Ciona intestinalis*
244	头索动物	文昌鱼纲	文昌鱼目	文昌鱼科	青岛文昌鱼	*Branchiostoma belcheri tsingtauense*
245	星虫动物	革囊虫纲	方格星虫目	方格星虫科	裸体方格星虫	*Sipunculus nudus*